机械识图与制图
完全自学一本通

马 鹏 田学成 覃仕明 编著

Publishing House of Electronics Industry
北京·BEIJING

内 容 简 介

本书是一本既有基础理论又有较多绘图实例的专业图书。书中涉及多面正投影、轴测投影、透视投影的基本理论及投影规律等基础知识,并包含一系列的工程制图实例,使读者能够轻松掌握基本作图方法及其应用。

本书共分 8 章,内容包括基于国家标准的机械识图的基础知识、识读图技巧、相关图纸标准介绍及基于 AutoCAD 的机械工程图制作等。

本书旨在帮助机械设计、机电一体化、模具设计、产品设计等的初学者打下良好的工程设计基础,让读者学习到相关专业的基础知识,可作为大中专院校和相关培训班的教材。

未经许可,不得以任何方式复制或抄袭本书之部分或全部内容。
版权所有,侵权必究。

图书在版编目(CIP)数据

机械识图与制图完全自学一本通 / 马鹏,田学成,覃仕明编著. —北京:电子工业出版社,2021.3
ISBN 978-7-121-40460-3

Ⅰ. ①机… Ⅱ. ①马… ②田… ③覃… Ⅲ. ①机械图—识图 ②机械制图 Ⅳ. ①TH126

中国版本图书馆 CIP 数据核字(2021)第 007897 号

责任编辑:田 蕾 特约编辑:田学清
印 刷:三河市鑫金马印装有限公司
装 订:三河市鑫金马印装有限公司
出版发行:电子工业出版社
 北京市海淀区万寿路 173 信箱 邮编:100036
开 本:787×1092 1/16 印张:15.25 字数:390.4 千字
版 次:2021 年 3 月第 1 版
印 次:2021 年 3 月第 1 次印刷
定 价:89.00 元

凡所购买电子工业出版社图书有缺损问题,请向购买书店调换。若书店售缺,请与本社发行部联系,联系及邮购电话:(010)88254888,88258888。
质量投诉请发邮件至 zlts@phei.com.cn,盗版侵权举报请发邮件至 dbqq@phei.com.cn。
本书咨询联系方式:(010)88254161~88254167 转 1897。

前言 PREFACE

图样与文字、数字一样，是人类借以表达工程设计意图的基本工具之一，在科技界和工程技术界应用尤为广泛。在科技和生产领域中，最常使用的工程图——多面正投影图，长期以来被誉为工程界的语言。这是由于它具有独特的表现力，能详尽而准确地反映工程对象的形状和大小，便于依图进行生产和科研，起到了语言、文字难以起到的作用。当今科技突飞猛进，工程图的用途越来越广泛，工程施工、课题研究、创造发明、技术教育、文化传播、技术交流、知识普及、产品介绍等各方面都需要以相应的表达方法和形式来绘制人们所研究的对象，这就对表达方法提出了更高的要求。

在机械设计与制造领域，从议定方案到最终结果，"图"作为一种工具与设计交织。机械设计师绘制的设计效果图给人以真实的感受，但最后的设计图纸是以机械工程图学理论来绘制的。设计图纸既保持了工程图的特点，又具有较好的直观性和艺术性，其作用不同于一般的图纸。因此，机械制图具有严格的绘图比例要求、清晰的表达方法、准确的轮廓及较强的立体感，使绘制的物体形象跃然纸上，令人产生见图如见物的真实感。

机械工程图对从事产品设计、制造、供销、维护保养和修理的人员来说是必不可少的，它可以缩短人们对产品的认识时间，缩小人们的思考范围，简化各方面人员的工作，完全符合"高速度"这一时代特征的要求。因此，工业发达的国家已把工程图广泛地应用于飞机、汽车、电气、仪表、家庭器具等机械与化工设备制造业。

课程任务及学习方法

1. 本课程的主要任务

（1）学习多面正投影、轴测投影、透视投影、第一视角投影的相关理论。

（2）学习多面正投影、轴测图的绘制技巧。

(3)培养读者的空间想象能力、绘图能力和审美能力。

(4)培养读者近距离的视觉敏锐度。

此外,读者在学习过程中还必须有意识地培养自学和创造的能力、分析和解决问题的能力。

2. 学习方法

本课程是一门理论与实践并重的技术基础课,在学习中应该坚持理论联系实际的思想。认真学习多面正投影、轴测投影、透视投影的基本理论及投影规律,在此基础上通过一系列的绘图实践,掌握多面正投影、轴测图、透视图的基本作图方法及应用。在日常生活中,应多注意观察物体的光影关系,以增加所绘工程图的真实感。在学习使用计算机软件绘制工程图时,只有多上机练习,才能较好地掌握所学内容。

本书内容

本书共分 8 章,内容包括基于国家标准的机械识图的基础知识、识读图技巧、相关图纸标准介绍及基于 AutoCAD 的机械工程图制作等。

- 第 1 章:主要介绍机械工程图纸的识读基础知识与常见基本体的投影原理和方法。
- 第 2 章:主要介绍形体三视图的识读。内容包括视图的形成、常见平面立体和曲面立体三视图的识读、截切体三视图的识读及组合体三视图的识读。
- 第 3 章:主要介绍机件表达视图的识读。内容涉及基本视图、辅助视图、剖视图、断面图的识读,以及表达视图的简化画法。
- 第 4 章:主要介绍机件轴测图的绘制。内容包括轴测图的基础知识,以及正等轴测图、正二等轴测图和斜二等轴测图的相关知识。
- 第 5 章:主要介绍零件图的识读。内容包括零件图的作用与内容、零件图的尺寸标注、零件图的技术要求和几类零件图的识读。
- 第 6 章:主要介绍装配图的基础知识,以及装配视图的表达与画法、装配图的标注与技术要求、识读装配图和画装配图的相关知识。
- 第 7 章:主要介绍使用 AutoCAD 软件绘制阀体零件图、高速轴零件图的方法,以及 AutoCAD 软件的绘图功能和零件图的绘制步骤。
- 第 8 章:主要介绍使用 AutoCAD 软件绘制装配图的方法,以及球阀装配图与千斤顶装配图的绘制。

本书特色

本书采用"基本概念+举例读图+绘图"的方法,可以使零基础的读者快速读懂机械制图图样。本书的主要特色如下。

(1) 书中尽量采用以图讲图的形式介绍基本概念和读图方法,直观形象。

(2) 绝大部分实例以工程实例为主,内容涉及机械工程的各个方面,且所举实例具有参考示范作用。

(3) 内容全面完整。本书讲解了常用机械零件图的读图方法,基本能够满足工程技术人员在制造、检验、使用过程中的看图需要。

(4) 配有 AutoCAD 软件绘图知识,可以帮助读者掌握和提升计算机绘图的技能。

(5) 每个知识点都附有练习题,读者可以举一反三,以掌握要点。

作者信息

本书由广西特种设备检验研究院的马鹏、田学成和覃仕明共同编著。

感谢您选择了本书,希望我们的努力对您的工作和学习有所帮助,也希望您把对本书的意见和建议告诉我们。

版权声明

本书所有权归属电子工业出版社。未经同意,任何单位或个人不得将本书内容及配套资源用于其他商业用途,侵权必究。

读 者 服 务

读者在阅读本书的过程中如果遇到问题，可以关注 "有艺"公众号，通过公众号中的"读者反馈"功能与我们取得联系。此外，通过关注"有艺"公众号，您还可以获取艺术教程、艺术素材、新书资讯、书单推荐、优惠活动等相关信息。

扫一扫关注"有艺"

资源下载方法：关注"有艺"公众号，在"有艺学堂"的"资源下载"中获取下载链接，如果遇到无法下载的情况，可以通过以下三种方式与我们取得联系：

1．关注"有艺"公众号，通过"读者反馈"功能提交相关信息；
2．请发邮件至 art@phei.com.cn，邮件标题命名方式：资源下载+书名；
3．读者服务热线：（010）88254161~88254167 转 1897。

投稿、团购合作：请发邮件至 art@phei.com.cn。

目录 CONTENTS

第 1 章　机械图纸识读入门 1
1.1　国家标准的相关规定 2
 1.1.1　图纸幅面及格式（GB/T 14689—2008） 2
 1.1.2　图纸比例（GB/T 14690—93） 4
 1.1.3　字体（GB/T 14691—93） 6
 1.1.4　图线（GB/T 17450—1998、GB/T 4457.4—2002） 6
 1.1.5　尺寸标注（GB/T 4458.4—2003） 8
1.2　几何作图的基本方法 9
 1.2.1　直线作图 9
 1.2.2　圆周的等分及正六边形 10
 1.2.3　五等分圆周及正五边形 11
 1.2.4　斜度 12
 1.2.5　锥度 12
 1.2.6　圆弧连接 13
 1.2.7　椭圆 14
1.3　几何投影原理和方法 14
 1.3.1　投影的基础知识 15
 1.3.2　直线的投影 17
 1.3.3　平面的投影 18
 1.3.4　立体的投影 19
 1.3.5　第一视角与第三视角投影 23

第 2 章　识读形体三视图 25
2.1　视图的形成 26
 2.1.1　视图类型与组成 26
 2.1.2　三视图的形成 27
 2.1.3　三视图的识读要领 28
2.2　常见平面立体和曲面立体三视图的识读 29
 2.2.1　识读棱柱三视图 29
 2.2.2　识读棱锥三视图 31
 2.2.3　识读圆柱三视图 33
 2.2.4　识读圆锥三视图 33
 2.2.5　识读圆球三视图 35
2.3　截切体三视图的识读 35
 2.3.1　用平面切割平面立体的三视图 35

	2.3.2	用平面切割曲面立体的三视图	40
2.4	组合体三视图的识读		42
	2.4.1	相贯体三视图的识读	42
	2.4.2	其他类型组合体三视图的识读	46
2.5	练习题		50

第 3 章　识读机件表达视图 …… 56

3.1	识读机件表达的基本视图与辅助视图		57
	3.1.1	识读六个基本视图	57
	3.1.2	识读辅助视图	60
3.2	识读剖视图与断面图		63
	3.2.1	识读全剖视图	63
	3.2.2	识读半剖视图	65
	3.2.3	识读局部剖视图	66
	3.2.4	识读其他剖视图	67
	3.2.5	识读断面图	69
3.3	表达视图的简化画法		71
3.4	练习题		73

第 4 章　绘制机件轴测图 …… 77

4.1	轴测图的基础知识		78
	4.1.1	轴测图的形成	78
	4.1.2	轴测图的分类与选择	79
4.2	正等轴测图		81
	4.2.1	正等轴测图的形成	81
	4.2.2	平面立体正等轴测图的画法	82
	4.2.3	曲面立体正等轴测图的画法	85
4.3	正二等轴测图		90
	4.3.1	正二等轴测图的轴向伸缩系数和轴间角	90
	4.3.2	圆的正二等轴测投影与画法	90
4.4	斜二等轴测图		93
	4.4.1	圆的斜二测图	94
	4.4.2	机件的斜二测图画法	95
4.5	练习题		98

第 5 章　识读零件图 …… 101

5.1	零件图的作用与内容		102
	5.1.1	零件图的作用	102
	5.1.2	零件图的内容	103
5.2	零件图的尺寸标注		104
	5.2.1	零件图的尺寸组成	104
	5.2.2	正确选择尺寸基准	105
	5.2.3	尺寸标注的基本原则	106
	5.2.4	零件图的尺寸标注范例	109
5.3	零件图的技术要求		113
	5.3.1	表面结构的表示方法	113
	5.3.2	极限与配合	120
	5.3.3	形状和位置公差	125

5.4 几类零件图的识读 ·················· 127
    5.4.1 箱体类零件图识读 ············ 128
    5.4.2 叉架类零件图识读 ············ 132
    5.4.3 轴套类零件图识读 ············ 135
    5.4.4 盘盖类零件图识读 ············ 138
5.5 练习题 ····························· 141

第 6 章 识读装配图 ················· 147
6.1 装配图的基础知识 ················· 148
    6.1.1 装配图的作用 ·················· 148
    6.1.2 装配图的内容 ·················· 149
    6.1.3 装配图的分类 ·················· 150
6.2 装配图的表达与画法 ·············· 152
    6.2.1 装配图的一般表达方法 ······ 152
    6.2.2 装配图的特殊表达方法 ······ 153
    6.2.3 装配图的规定画法 ············ 157
    6.2.4 装配图的简化和省略画法 ··· 158
6.3 装配图的标注与技术要求 ········ 159
    6.3.1 装配图的尺寸标注 ············ 159
    6.3.2 装配图上的技术要求 ········ 161
    6.3.3 装配图上的零件编号 ········ 161
    6.3.4 零件明细栏 ····················· 162
6.4 识读装配图 ························ 163
6.5 装配图绘制实例 ··················· 167
6.6 练习题 ····························· 174

第 7 章 绘制零件图 ················· 178
7.1 AutoCAD 2020 绘图软件简介 ··· 179
    7.1.1 AutoCAD 2020 工作界面 ··· 179
    7.1.2 AutoCAD 机械图纸样板的创建 ········ 180
7.2 绘制阀体零件图 ··················· 190
7.3 绘制高速轴零件图 ················ 205
7.4 练习题 ····························· 211

第 8 章 绘制装配图 ················· 213
8.1 使用 AutoCAD 绘制装配图的方法 ········ 214
8.2 绘制球阀装配图 ··················· 217
    8.2.1 拆画零件图 ····················· 218
    8.2.2 拼装零件图形 ·················· 219
    8.2.3 编写零件序号和标注尺寸 ··· 221
    8.2.4 填写明细栏、标题栏和技术要求 ········ 222
8.3 绘制千斤顶装配图 ················ 222
    8.3.1 绘制零件图并完成图形拼装 ········ 223
    8.3.2 编写零件序号和标注尺寸 ··· 226
    8.3.3 填写明细栏、标题栏和技术要求 ········ 227
8.4 练习题 ····························· 228

参考文献 ································ 233

第 1 章
机械图纸识读入门

本章重点

（1）国家标准对技术制图和机械制图的基本规定。
（2）国家标准对图纸幅面、格式、比例、字体、图线和尺寸标注的有关规定。
（3）常见几何图形和平面图形的画法。
（4）几何投影的基础知识。

学习目的

（1）了解和熟悉国家标准中有关图纸幅面、格式、比例、字体、图线和尺寸标注的规定。
（2）掌握几何作图的基本方法。
（3）了解几何投影原理。
（4）掌握三种几何投影的方式及视图的画法。

1.1 国家标准的相关规定

图样是工程技术界的语言,为了方便指导生产和进行对外技术交流,国家标准对图样上的有关内容做出了统一的规定,每位从事技术工作的人员都必须掌握并遵守。国家标准(简称"国标")的代号为 GB。

本节仅就图纸幅面及格式、图纸比例、字体、图线、尺寸标注的一般规定予以介绍,其余内容会在后面逐一进行叙述。

1.1.1 图纸幅面及格式(GB/T 14689—2008)

一幅标准图纸的幅面、图框和标题栏必须按照国标来进行确定与绘制。

1. 图纸的幅面

在绘制技术图样时,应优先采用表 1-1 规定的基本幅面。

如果必要,则可以加长幅面。加长后的幅面尺寸是由基本幅面的短边成倍数增加后得出的。加长后的幅面代号为"基本幅面代号×倍数"。例如,A4×3 表示按 A4 图幅短边(210mm)加长 3 倍,即加长后的图纸尺寸为 297mm×630mm。加长幅面的各种尺寸如表 1-2 和表 1-3 所示。

表 1-1 基本幅面(第一选择) 单位:mm

幅面代号		A0	A1	A2	A3	A4
幅面尺寸 $B \times L$		841×1189	594×841	420×594	297×420	210×297
周边尺寸	e	20			10	
	c	10			5	
	a	25				

表 1-2 加长幅面(第二选择) 单位:mm

幅面代号		A3×3	A3×4	A4×3	A4×4	A4×5
幅面尺寸 $B \times L$		420×891	420×1189	297×630	297×841	297×1051
周边尺寸	e	10			10	
	c	10			5	
	a	25				

表 1-3 加长幅面（第三选择）　　　　　　　　　　　　　　　　　　　　　　　　　　单位：mm

幅 面 代 号	幅面尺寸 B×L	幅 面 代 号	幅面尺寸 B×L
A0×2	1189×1682	A3×5	420×1486
A0×3	1189×2523	A3×6	420×1783
A1×3	841×1783	A3×7	420×2080
A1×4	841×2378	A4×6	297×1261
A2×3	594×1261	A4×7	297×1471
A2×4	594×1682	A4×8	297×1682
A2×5	594×2102	A4×9	297×1892

2．图框格式

在图纸上，必须用细实线画出图框，其格式分为不留装订边和留有装订边两种，同一产品的图样只能采用一种格式。

（1）不留装订边的图纸，其图框格式如图 1-1 所示。图框尺寸按表 1-1 中的规定。

（2）留有装订边的图纸，其图框格式如图 1-2 所示。图框尺寸按表 1-1 中的规定。

加长幅面的图框尺寸按选用的基本幅面大一号的图框尺寸来确定。例如，A2×3 的图框尺寸，按 A1 的图框尺寸来确定，即 e 为 20mm（或 c 为 10mm）；A3×4 的图框尺寸，按 A2 的图框尺寸来确定，即 e 为 10mm（或 c 为 10mm）。

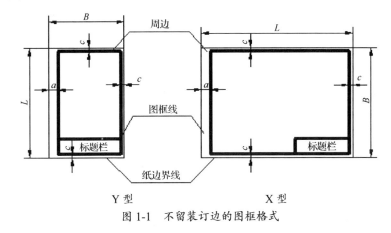

图 1-1　不留装订边的图框格式

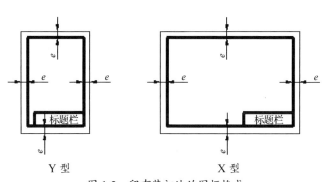

图 1-2　留有装订边的图框格式

3．标题栏

在每张技术图样中，均应画出标题栏。标题栏的格式和尺寸按 GB/T 10609.1—2008 的规定，标题栏的位置应位于图纸的右下角，一般由更改区、签字区、其他区（如材料标记、比例、质量）、名称及代号区（单位名称、图样名称、图样代号）等组成。

通常情况下，工矿企业工程图的标题栏格式如图 1-3 所示。

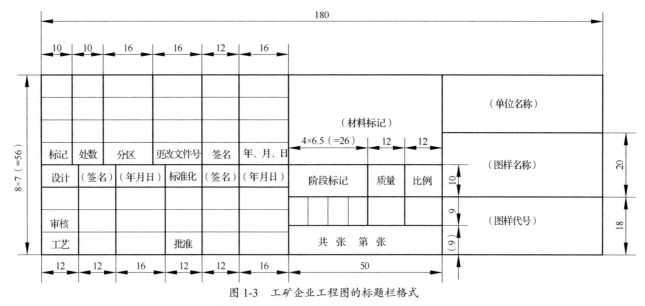

图 1-3 工矿企业工程图的标题栏格式

在学校的制图作业中，一般采用简化的标题栏格式及尺寸。必须注意的是，标题栏中文字的书写方向为读图的方向。

1.1.2 图纸比例（GB/T 14690—93）

机械图中的图形与实物相应要素的线性尺寸之比称为比例。比值为 1 的比例，即 1∶1，称为原值比例；比值大于 1 的比例称为放大比例；比值小于 1 的比例称为缩小比例。在绘制图样时，采用国标中规定的比例。表 1-4 列出的是国标中规定的比例值。

通常应选用表 1-4 中的优先值，必要时可选用表中的允许值。

表1-4 图样比例

种　　类	优　先　值	允　许　值
原值比例	1:1	—
放大比例	2:1　　　5:1 $1\times10^n:1$　　$2\times10^n:1$　　$5\times10^n:1$	2.5:1　　4:1 $2.5\times10^n:1$　　$4\times10^n:1$
缩小比例	1:2　　　1:5 $1:1\times10^n$　　$1:2\times10^n$　　$1:5\times10^n$	1:1.5　　1:2.5　　1:3　　1:4　　1:6 $1:1.5\times10^n$　　$1:2.5\times10^n$　　$1:3\times10^n$ $1:4\times10^n$　　$1:6\times10^n$

在绘制图样时，应尽可能按机件的实际大小（原值比例）绘制，以便直接从图样中看出机件的实际大小。对于大而简单的机件，可采用缩小比例；对于小而复杂的机件，宜采用放大比例。

必须指出的是，无论采用何种比例画图，在标注尺寸时都必须按照机件原有的尺寸大小进行标注（尺寸数字是机件的实际尺寸），如图1-4所示。

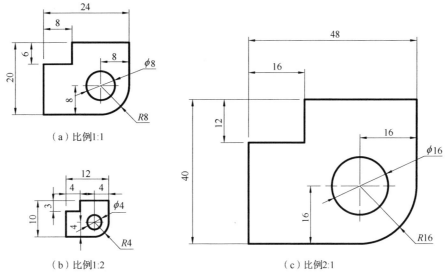

图1-4　采用不同比例绘制的同一图形

1.1.3 字体（GB/T 14691—93）

图样中除图形外，还需用汉字、字母、数字等来标注尺寸和说明机件在设计、制造、装配时的各项要求。

在图样中书写汉字、字母、数字时，必须做到字体工整、笔画清楚、排列整齐、间隔均匀。字体高度（用 h 表示）的公称尺寸系列有 1.8、2.5、3.5、5、7、10、14、20（mm）8 种，如果需要书写更大的字，则其字体高度应按 $\sqrt{2}$ 的比率递增。字体高度代表字体的字号，如 7 号字的高度为 7mm。

为了保证图样中的字体大小一致、排列整齐，在初学时应打格书写。图 1-5 和图 1-6 是图样上常见字体的书写示例。

字体端正笔画清楚
排列整齐间隔均匀

图 1-5　长仿宋字示例

0123456789
I II III IV V VI VII VIII IX X

图 1-6　数字书写示例

1.1.4 图线（GB/T 17450—1998、GB/T 4457.4—2002）

国标 GB/T 4457.4—2002 中规定了机械工程图样中常采用的 8 种图线线型。以实线为例，基本线型可能出现的变形如表 1-5 所示。其余各种基本线型视需要而定，可用同样的方法变形表示。

图线分为粗线、中粗线和细线。在画图时，根据图形的大小和复杂程度，图线宽度 b 可在 0.13、0.18、0.25、0.35、0.5、0.7、1、1.4、2（mm）数系（该数系的公比为 $1:\sqrt{2}$）中选取。粗线、中粗线、细线的宽度比率为 4:2:1。考虑到图样复制中存在的困难，应尽量避免采用 0.18mm 以下的图线宽度。

机械图中常用图线的名称、型式、宽度及其用途如表 1-5 所示。

表 1-5　机械图中常用图线的名称、型式、宽度及其用途

图　线　名　称	图　线　型　式	图线宽度/mm	图线用途（见图 1-7）
粗实线	———————	b	可见轮廓线；可见过渡线
虚线	— — — — —	约 $b/3$	不可见轮廓线；不可见过渡线
细实线	———————	约 $b/3$	尺寸线、尺寸界线、剖面线、重合剖面的轮廓线及指引线等
波浪线	∼∼∼∼∼	约 $b/3$	断裂处的边界线等

续表

图线名称	图线型式	图线宽度/mm	图线用途（见图1-7）
双折线	∿∿∿	约 $b/3$	断裂处的边界线
细点画线	—·—·—·—	约 $b/3$	轴线、对称中心线等
粗点画线	—·—·—·—	b	有特殊要求的线或表面的表示线
双点画线	—··—··—··—	约 $b/3$	可动零件的极限位置的轮廓线、相邻辅助零件的轮廓线等

提示：
表1-5中的虚线、细点画线、双点画线的线段长度和间隔的数值可供参考。粗实线的宽度应根据图形的大小和复杂程度选取，一般取0.7mm。

图1-7为各种型式图线的应用示例。

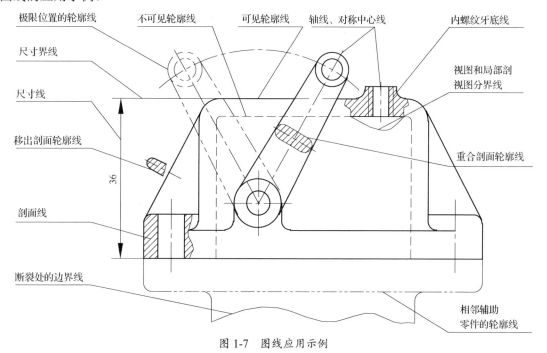

图1-7 图线应用示例

在绘制图样时应注意以下几点。
- 在同一图样中，同类图线的宽度应基本一致。虚线、点画线及双点画线的线段长短间隔应各自大致相等。
- 两条平行线之间的距离应不小于粗实线宽度的2倍，且最小距离不得小于0.7mm。
- 当虚线及点画线与其他图线相交时，应以线段相交，不应在空隙或短画线处相交；当虚线是粗实线的延长线时，粗实线应画到分界点处且虚线应留有空隙；当虚线圆弧和虚线直线相切时，虚线圆弧的线段应画到切点处且虚线直线应留有空隙。
- 当绘制圆的对称中心线（细点画线）时，圆心应为线段的交点。点画线和双点画线的首末两端应是线段，不应是短画线，同时，其两端应超出图形的轮廓线3～5mm。在较小的图形上绘制点画线或双点画线有困难时，可用细实线代替。

1.1.5 尺寸标注（GB/T 4458.4—2003）

在图样上标注尺寸时，必须严格按制图标准中有关尺寸标注的规定进行。图形只能表达机件的形状，而机件的大小则由标注的尺寸确定。在机械图样中，尺寸的标注应遵循以下基本原则。
- 机件的真实大小应以图样上标注的尺寸数值为依据，与图形的大小及绘图的准确度无关。
- 当图样中的尺寸以mm为单位时，无须标注计量单位的代号或名称；如果采用其他单位，则必须注明。
- 图样中所注尺寸是该图样所示机件最后完工时的尺寸，否则应另加说明。
- 机件的每个尺寸一般只标注一次，并应标注在反映该结构最清晰的图形上。

一个完整的尺寸由尺寸界线、尺寸线、尺寸线终端和尺寸数字组成，如图1-8所示。

1. 尺寸界线

尺寸界线用细实线绘制，并应由图形的轮廓线、轴线或对称中心线处引出。也可利用轮廓线、轴线或对称中心线作为尺寸界线。尺寸界线一般应与尺寸线垂直，并超出尺寸线终端2mm左右。

2. 尺寸线和尺寸线终端

尺寸线用细实线绘制且必须单独画出，不能与图线重合或在其延长线上。

（1）箭头形式的尺寸线终端，如图1-9（a）所示（b为粗实线的宽度），适用于各种类型的图样。

（2）当采用箭头形式时，在空间不够的情况下，允许用圆点或斜线代替箭头，如图1-9（b）所示。

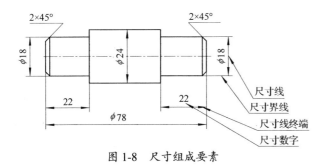

图 1-8 尺寸组成要素

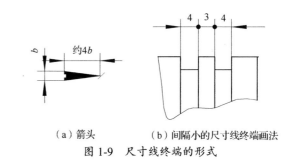

（a）箭头　　（b）间隔小的尺寸终端画法

图 1-9 尺寸线终端的形式

3．尺寸数字

线性尺寸的数字一般应注写在尺寸线的上方，也允许注写在尺寸线的中断处，同一图样内数字格式应一致，当位置不够时可引出标注。

水平方向的尺寸数字，字头朝上；垂直方向的尺寸数字，字头朝左；倾斜方向的尺寸数字，字头保持朝上的趋势，但在 30° 范围内应尽量避免标注尺寸，如图 1-10（a）所示；当无法避免时，可参照图 1-10（b）的形式标注；在注写尺寸数字时，数字不可被任何图线通过，当不可避免时，必须把图线断开，如图 1-10（c）所示。

1.2 几何作图的基本方法

圆周的等分（正多边形）、斜度、锥度、平面曲线和连接线段等几何作图方法是绘制机械图样的基础，应当熟练掌握。

1.2.1 直线作图

直线作图有两种方法：一种是利用线段等长性质来绘制等分线段；另一种是过某定点作已知直线的垂线。

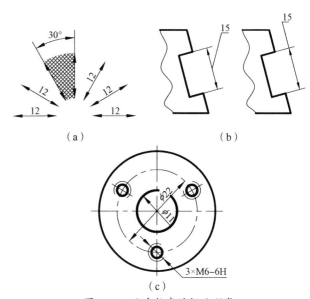

图 1-10 尺寸数字的标注形式

1. 平行法等分线段

将线段 AB 五等分，过点 A 作任意线段 AC，用分规以任意长度在线段 AC 上截取 5 个等长线段，得点 1、2、3、4、5，连接 5、B 两点，并过点 1、2、3、4 作线段 5B 的平行线，即得 5 个平行等分线段，如图 1-11 所示。

2. 试分法等分线段

将线段 AB 四等分，用目测法将分规的开度调整至线段 AB 长度的 1/4，然后在线段 AB 上试分。如果不能恰好将线段分尽，则重新调整分规开度，使其长度增加或缩小再行试分，通过逐步接近线段 AB 长度的 1/4 的方法将线段等分。在本例中，首次试分的剩余长度为 E，这时调整分规，增加 E/4，再重新等分线段 AB，直到分尽，如图 1-12 所示。

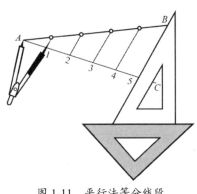

图 1-11　平行法等分线段

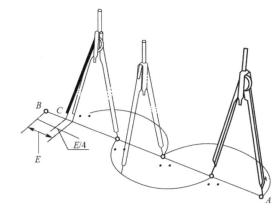

图 1-12　试分法等分线段

1.2.2　圆周的等分及正六边形

绘制正六边形，一般利用正六边形的边长等于外接圆半径的原理。绘制正六边形也有两种方法：一种是圆弧等分法；另一种是利用丁字尺和三角板的角度配合。

1. 圆弧等分法

以已知圆的直径的两端点 A、B 为圆心，以已知圆的半径 R 为半径画弧并与圆周相交，即得等分点，依次连接各等分点，即得圆内接正六边形，如图 1-13 所示。

2. 利用丁字尺和三角板

利用 30°~60°三角板与丁字尺（或 45°三角尺的一边）作内接圆或外接圆的正六边形，如图 1-14 所示。

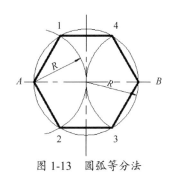

图 1-13　圆弧等分法

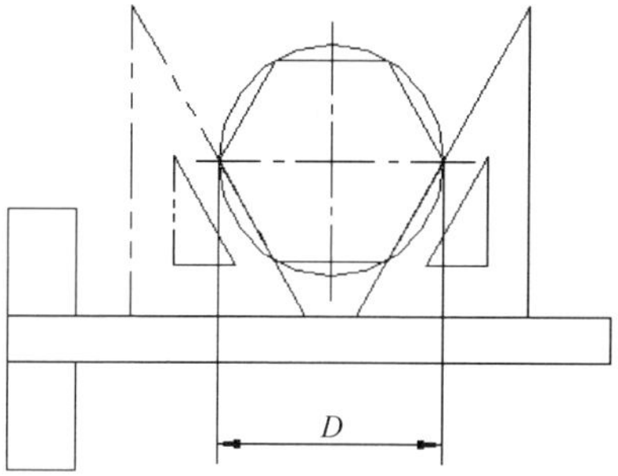

图 1-14　利用丁字尺和三角板

1.2.3　五等分圆周及正五边形

正五边形的绘制有两种方法：一种是已知边长绘制正五边形；另一种是已知外接圆的直径绘制正五边形。

1. 已知边长绘制正五边形

已知正五边形的边长 AB，绘制正五边形的方法及步骤如下。

（1）作线段 AB，并分别以 A、B 为圆心，以已知边长 AB 为半径画弧。

（2）过两圆弧的交点 K 绘制线段 AB 的中垂线。

（3）以 K 点为圆心，以线段 AB 的三分之二长（AN）为半径画弧，并在线段 AB 的中垂线的延伸线上得到点 C（AN=KC）。

（4）以 C 点为圆心、AB 为半径画弧，与前面绘制的两圆弧分别交于点 D、E，最后连接 A、B、C、D 和 E 五个顶点，即可得到正五边形，如图 1-15 所示。

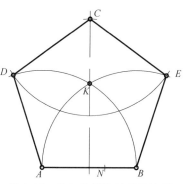

图 1-15　已知边长绘制正五边形

2. 已知外接圆直径绘制正五边形

已知外接圆直径绘制正五边形的方法及步骤如下。

（1）取外接圆半径的中点 K。

（2）以 K 点为圆心、KA 为半径作圆弧得到 C 点。

（3）AC 即正五边形的边长，等分圆周得到正五边形的 5 个顶点，如图 1-16 所示。

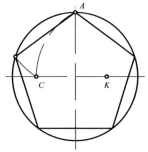

图 1-16　已知外接圆直径画正五边形

1.2.4　斜度

斜度是指一条直线或平面相对于另一条直线或平面的倾斜程度，其大小用该两条直线的夹角（或两个平面夹角）的正切值来表示，如图 1-17 所示，BC 的斜度=$\tan\alpha$=H/L。工程上用直角三角形对边与邻边的比值来表示斜度，并固定把比例前项化为 1，写成 1:n 的形式。斜度符号的画法如图 1-18 所示，H 为字体高度。

图 1-19 为斜度 1:5 的画法与标注，作图时先取 AD 作为一个单位长度，再取 AB（等于 5 个单位长度），连接 BD 即得到斜度为 1:5 的斜度线。

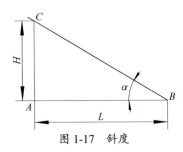

图 1-17　斜度

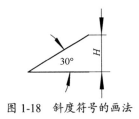

图 1-18　斜度符号的画法

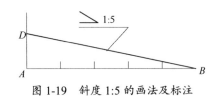

图 1-19　斜度 1:5 的画法及标注

注意：斜度符号的方向应与斜度方向一致。

1.2.5　锥度

锥度是指圆锥的底圆直径 D 与高度 L 的比。通常，锥度也要写成 1:n 的形式。锥度的画法及标注如图 1-20 所示。锥度符号的方向应与圆锥方向一致。

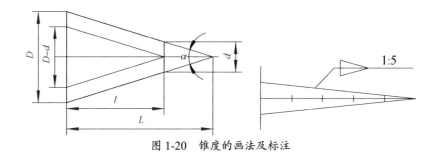

图 1-20 锥度的画法及标注

1.2.6 圆弧连接

圆弧与圆弧的光滑连接，关键在于正确找出连接圆弧的圆心及切点的位置。由初等几何知识可知，当两圆弧以内切方式相连接时，连接弧的圆心要用 $R-R_1$ 来确定；当两圆弧以外切方式相连接时，连接圆弧的圆心要用 $R+R_1$ 来确定。在用仪器绘图时，各种圆弧连接的画法如表 1-6 所示。

表 1-6 各种圆弧连接的画法

连接要求	作图方法和步骤		
	求圆心 O	求切点 m、n	画连接圆弧
连接相交两直线			
连接一直线和一圆弧			

连接要求	作图方法和步骤		
	求圆心 O	求切点 m、n	画连接圆弧
外接两圆弧			
内接两圆弧			

1.2.7 椭圆

常用的椭圆近似画法为四圆弧法，即用四段圆弧连接起来的图形来近似代替椭圆。

如果已知椭圆的长轴 AB、短轴 CD，则其近似画法的步骤如下。

（1）连接 AC，以 O 为圆心、OA 为半径画弧交 CD 延长线于 E，再以 C 为圆心，CE 为半径画弧交 AC 于 F。

（2）作 AF 线段的中垂线分别交长、短轴于 O_1、O_2，并作 O_1、O_2 的对称点 O_3、O_4，即得四段圆弧的圆心，如图 1-21 所示。

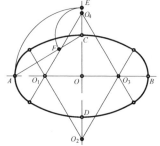

图 1-21 椭圆的近似画法

1.3 几何投影原理和方法

几何元素包括点、线和面。常见的几何投影方式包括点的投影、直线的投影、平面的投影和立体的投影。点的投影实际上是通过直线投影方式进行表达的，因为直线本身就是点的集合。

1.3.1 投影的基础知识

如果物体被阳光或灯光照射，那么在地面或墙面上就会出现影子，如图 1-22 所示。

这里将光源称为投影中心、地面或墙面称为投影面、光线称为投射线、物体的影子称为投影。

1. 投影法的概念

机械图纸中的物体投影法就是在上述自然现象启示下，经过科学抽象总结出来的。用一束光线（投射线）将物体各表面及边界轮廓向选定的平面（投影面）进行投射，在投影面上得到图形的方法称为投影法。投影所得图形称为物体的投影，投射线、物体、投影面构成了投影的三要素。投影的产生如图 1-23 所示。

图 1-22　阳光照射下的影子

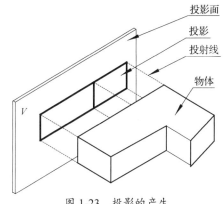

图 1-23　投影的产生

2. 投影法的分类

工程上常用的投影法有两类：中心投影法和平行投影法（又分为斜投影法和正投影法）。各类投影法的投影原理如图 1-24 所示。

（1）中心投影法。如图 1-24（a）所示，中心投影法是投射线汇交于一点的投影法（投射中心位于有限远处）。中心投影法所得的投影不能反映物体的真实大小，不适用于绘制机械图样。但中心投影法绘制的图形立体感较强，适用于绘制建筑物的外观图及美术画等。

（2）平行投影法。如图 1-24（b）、（c）所示，投射线互相平行的投影法称为平行投影法。平行投影法所得的投影可以反映物体的实际形状。机械图样按正投影法来绘制，这是因为正投影法所得的投影能真实反映物体的形状和大小，且度量性好、作图简便。

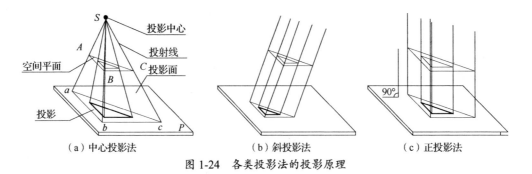

(a) 中心投影法　　(b) 斜投影法　　(c) 正投影法

图 1-24　各类投影法的投影原理

3. 正投影法的特性

为正确绘制空间几何要素的投影，必须掌握正投影法的一些主要特性。图 1-25 为直线和平面的正投影特性。

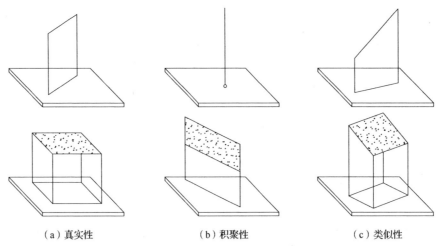

(a) 真实性　　(b) 积聚性　　(c) 类似性

图 1-25　直线和平面的正投影特性

- 真实性：直线/平面平行于投影面，其投影反映直线与平面的真实长度和大小。
- 积聚性：直线/平面垂直于投影面，其投影分别积聚为点、直线、曲线等。
- 类似性：直线/平面与投影面成一定的角度，直线投影仍为直线，而平面投影则为类似形状。

1.3.2 直线的投影

直线可视为点的集合,因此直线的投影就是点的投影的集合,如图 1-26 所示。确定一条直线只需两个点,因此,画一条直线的投影只需知道直线上两个点的投影,再连线即可,如图 1-27 所示。

图 1-28 为各种位置直线在三投影面体系中的投影特性。

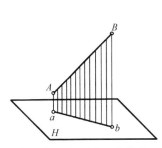

图 1-26 直线是点的集合

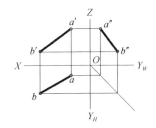

图 1-27 直线的投影

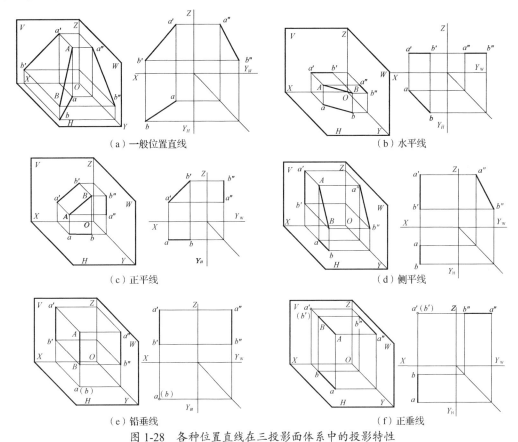

图 1-28 各种位置直线在三投影面体系中的投影特性

1.3.3 平面的投影

对平面进行投影时，可根据平面的几何形状特点及其与投影面的相对位置来找出能够决定平面的形状、大小和位置的一系列点，然后绘出这些点的三面投影并连接这些点的同面投影，即可得到平面的三面投影。

图 1-29 为各种位置平面在三投影面体系中的投影特性。

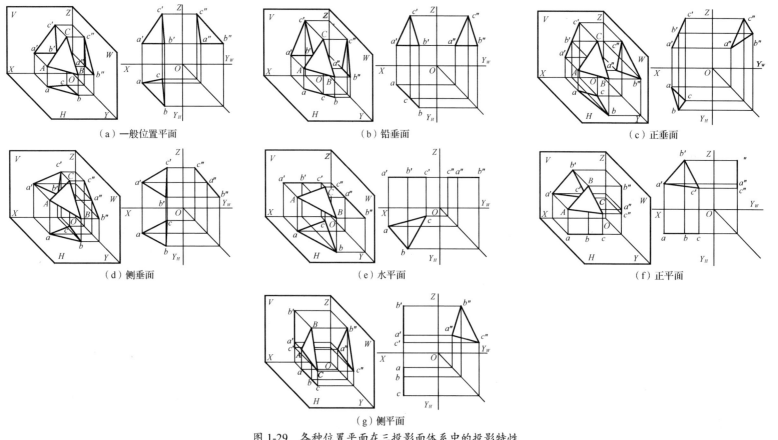

图 1-29　各种位置平面在三投影面体系中的投影特性

1.3.4 立体的投影

根据基本几何体表面的几何性质,立体可分为平面立体和曲面立体。立体表面全是平面的立体称为平面立体,立体表面全是曲面或既有曲面又有平面的立体称为曲面立体。

1. 平面立体的投影

平面立体的各个面都是平面多边形,用三面投影图表示平面立体,可归纳为画出组成立体的各个表面的投影,或者画出立体上所有棱线的投影。需要注意的是,在作图时,可见棱线应画成粗实线,不可见棱线应画成虚线。

如图 1-30 所示,五棱柱的顶面和底面平行于 H 面,它们在 H 面上的投影反映实形,且重合在一起,而它们的正面投影及侧面投影分别积聚为水平方向的直线段。

五棱柱的后侧棱面 EE_1D_1D 为一正平面,在正平面上投影反映其实形,EE_1、DD_1 直线的正面投影不可见,其水平投影及侧面投影积聚成直线段。

五棱柱的另外四个侧棱面都是铅垂面,其水平投影分别积聚成直线段,正面投影及侧面投影均为比实形小的类似形。

立体图形距离投影面的距离不影响各投影图形的形状及它们之间的相互关系。为了作图简便、图形清楚,在以后的作图中省去投影轴,如图 1-31 所示。

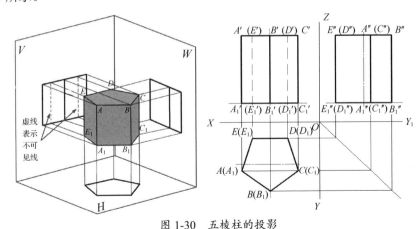

图 1-30　五棱柱的投影　　　　　　　　　　图 1-31　省去投影轴的投影三视图

在立体表面上取点，就是根据立体表面上的已知点的一个投影求出它的其他投影。由于平面立体的各个表面均为平面，所以其原理与方法与在平面上取点的原理和方法相同。

2. 回转体的投影

常见的回转体有圆柱、圆锥、圆台、球、圆环等，回转体也是曲面立体。构成回转体的表面称为回转面。回转面是由一条母线（直线或曲线）绕某一轴线回转形成的曲面，母线在回转过程中的任意位置称为素线，母线各点运行轨迹皆为垂直于回转体轴线的圆，如图 1-32 所示。

图 1-33 是圆柱体的三面投影，圆柱的轴线垂直于 H 面，其上下底圆为水平面，水平投影反映实形；正面和侧面投影重影为一条直线；圆柱面用曲面投影的转向轮廓线表示。

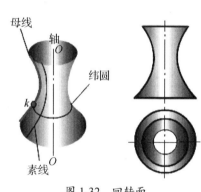

图 1-32　回转面

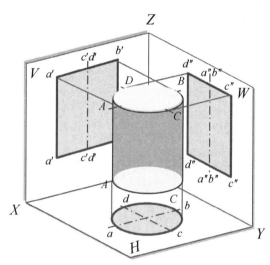

图 1-33　圆柱体的三面投影

3. 截切体的投影

如图 1-34 所示，正六棱柱被平面 P 截为两部分。其中，用来截切立体的平面称为截平面；立体被截切后的部分称为截切体；立体被截切后的断面称为截断面；截平面与立体表面的交线称为截交线。

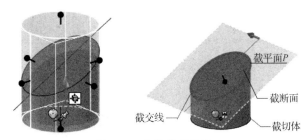

图 1-34 立体的截交线

尽管立体的形状不尽相同，截平面与立体表面的相对位置也各不相同，由此产生的截交线的形状也千差万别；但所有截交线都具有以下基本性质。

- 平面立体的截交线是截平面与平面立体表面的共有线，截交线上的点是截平面与立体表面上的共有点。
- 由于平面立体的表面具有一定范围，所以截交线通常是封闭的平面多边形。
- 多边形的各顶点是平面立体的各棱线或边与截平面的交点，多边形的各边是平面立体的棱边与截平面的交线或截平面与截平面的交线。

在具体应用时，通常利用投影的积聚性辅助作图。

【实例解读】

如图 1-35（a）所示，求作五棱柱被正垂面 P_v 截断后的投影。

（1）分析。

截平面与五棱柱的 5 个侧棱面均相交，但与顶面不相交，因此截交线为五边形 abdec。

（2）作图。

① 由于截平面为正垂面，所以截交线的 V 面投影 $a'b'c'd'e'$ 已知。因此截交线的 H 面投影五边形 abdec 已确定。

② 运用交点法，依据"主左视图高平齐"的投影关系，作截交线的 W 面投影 $a''b''c''d''e''$。

③ 五棱柱截去左上角，截交线的 H 面和 W 面投影均可见。截去的部分，棱线不再画出，但有侧棱线未被截去的一段，在 W 面投影中应画为虚线。

④ 检查、整理、描深图线，完成全图，如图 1-35（b）所示。

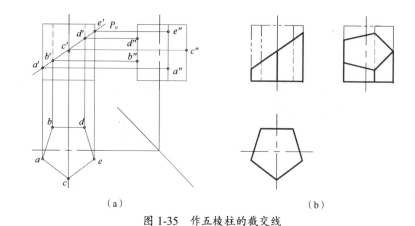

(a)　　　　　　　　　　　　(b)

图 1-35　作五棱柱的截交线

4．两曲面立体相交投影

立体相交称为相贯，两立体表面的交线称为相贯线，如图 1-36 所示。

由于立体分为平面立体和曲面立体，所以两立体相交可分为以下三种情况。

（1）两平面立体相交：相贯线一般是封闭的空间。

（2）平面立体与曲面立体相交：相贯线是由若干平面曲线或直线围成的空间。

（3）两曲面立体相交：相贯线一般为封闭的空间曲线。

相贯线是相交两立体表面的共有线，由两立体表面的一系列共有点组成，因此，求解相贯线的作图可以归结为找共有点的作图。下面主要讨论两回转面立体相交的情况。

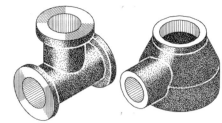

图 1-36　相贯线

【实例解读】

如图 1-37（a）所示，求切割后圆锥的投影。

（1）分析。

根据截平面的数量、截平面与轴线的相对位置确定截交线的形状：切割后的圆锥可以看作被 P_v、R_v、Q_v 三个平面所截的结果。P_v 和 R_v 两平面都垂直于轴线，其截交线为圆；Q_v 平面过锥顶，其截交线为两条素线。

根据截平面与投影面的相对位置确定截交线的投影：P_v 平面与 R_v 平面为水平面，截交线水平投影为实形圆，其他两个投影积聚为直线；

Q_V 平面为正垂面，截交线正面投影重合为一条直线，其他两个投影为三角形。

（2）作图。

① 求特殊点：1、5、6 三点为 R_V 平面与圆锥表面相交的点；2、3、4 三点为 P_V 平面与圆锥表面相交的点；同时，3 与 4、5 与 6 又分别为 R_V 平面与 Q_V 平面、P_V 平面与 Q_V 平面相交的点。根据各点的正面投影先求出其水平投影，再求其侧面投影。

② 本题不需要求一般点。

③ 连点并判别可见性：所有点全部可见。

（3）检查、整理、描深图线，完成全图，如图 1-37（b）所示。

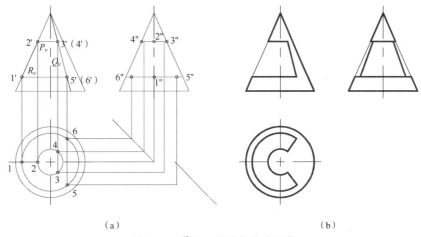

图 1-37 带缺口的圆锥体的投影

1.3.5 第一视角与第三视角投影

机械图样中有两种形式的视角定义图样画法：第一视角和第三视角。

ISO 规定，在表达机件结构中，第一视角和第三视角投影法同等有效。我国侧重第一视角画法，必要时可以采用第三视角画法。

第一视角：根据人（观察者）—物体（放置于第一视角内）—面（投影面）的相对位置，按规定展开投影面，如图 1-38 所示。

第三视角：根据人—面—物体（放置于第三视角内）的相对位置关系进行正投影所得图形的方法。第三视角画法也是以正投影为主的，与第一视角的区别在于人、面和物体三者之间的相对位置不同，如图1-39所示。

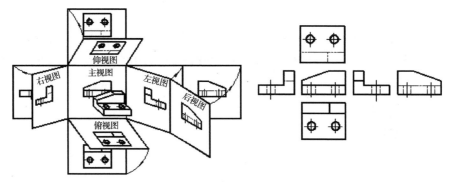

图1-38　第一视角投影

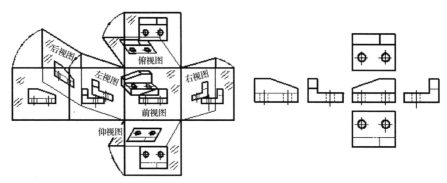

图1-39　第三视角投影

ISO规定，应在标题栏附近画出所采用画法的识别符号，如图1-40所示。

图1-40　视角画法的识别符号

第 2 章
识读形体三视图

本章重点

（1）三视图的形成及其投影规律。
（2）平面立体三视图的识读方法。
（3）截切体三视图的识读方法。
（4）组合体三视图的识读方法。

学习目的

（1）掌握运用正投影法表达空间形体的图示方法绘制形体的三视图。
（2）理解截交线和相贯线的性质。
（3）掌握应用立体表面求点的方法作立体表面截交线和相贯线的投影。
（4）应用形体分析法绘制和识读组合体视图。

2.1 视图的形成

用正投影法绘制的物体的图形称为视图。

2.1.1 视图类型与组成

1. 一面视图

物体在一个投影面上所得的视图称为一面视图,物体的一面视图只反映物体的长度和宽度,其高度在该视图中没有反映出来。图 2-1 为两个不同物体的一面视图,这两个不同物体的一面视图是相同的。由图 2-1 可知,只有一个视图是不能全面、准确地反映物体的形状和大小的。

2. 两面视图

如图 2-2 所示,在圆形键的两面视图中,主视图反映了圆形键的端面半径(d)和高(h);左视图反映了圆形键的宽(b)及圆角(c),这样就把圆形键的形状和大小全面、准确地反映出来了。

3. 三面视图

对于较复杂的零件,当两面视图也满足不了表达的需要时,就必须使用更多的视图和各种不同的表达方法,如图 2-3 所示。

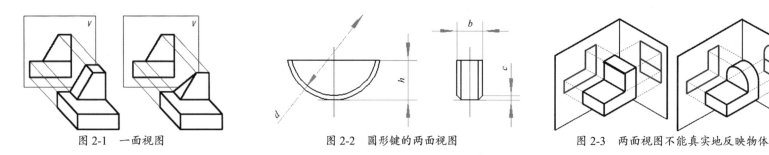

图 2-1 一面视图　　　　　图 2-2 圆形键的两面视图　　　　　图 2-3 两面视图不能真实地反映物体

在原两面投影体系(包含正立投影面 V 和侧立投影面 W)的基础上,再增加一个水平投影面,简称水平面或 H 面,它同时垂直于 V 面和 W 面,这样就构成了一个三面投影体系。V 面与 H 面的交线称为 OX 轴,V 面与 W 面的交线称为 OZ 轴,H 面与 W 面的交线称为 OY 轴,三轴的交点 O 称为原点,如图 2-4 所示。

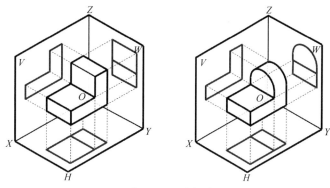

图 2-4 三面视图

2.1.2 三视图的形成

将物体置于三面投影体系中,分别向三个投影面进行投影,如图 2-5(a)所示。投影后将物体从三面投影体系中移出,V 面保持不动,将 H 面向下旋转 90°、W 面向右旋转 90°,使 V 面、H 面和 W 面在同一个平面上。为了画图方便,将投影面的边框去掉,这样就得到了物体的三面视图,简称三视图,如图 2-5(b)所示。

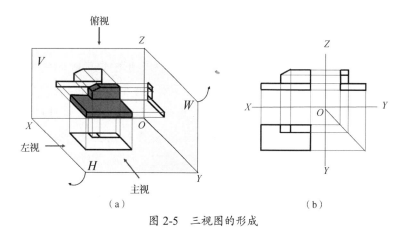

图 2-5 三视图的形成

主视图反映了物体的上、下和左、右的位置关系；俯视图反映了物体的前、后和左、右的位置关系；左视图反映了物体的上、下和前、后的位置关系。从图 2-5 中还可以看出，俯视图和左视图中靠近主视图的是物体的后面、远离主视图的是物体的前面。

长对正、高平齐、宽相等是三视图的投影规律，是识读图的重要依据（见图 2-6）。

- 主视图和俯视图长对正：长度相等并相互对正。
- 主视图和左视图高平齐：高度相等并相互平齐。
- 俯视图和左视图宽相等：俯视图的竖直方向与左视图的水平方向相对应，即竖对横。

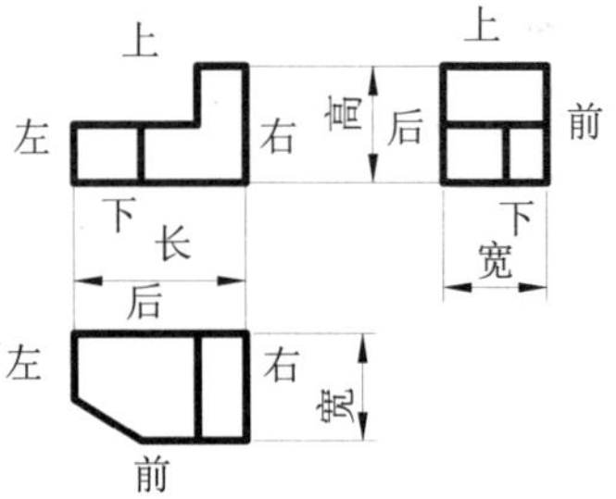

图 2-6 三视图的投影规律

2.1.3 三视图的识读要领

识读三视图的过程就是将三面视图中由各种线型构成的机件轮廓想象成实物结构形状的过程。三视图的投影规律是识读三视图最基本的要领。

【实例解读】

识读支撑块的三视图，如图 2-7（a）所示。

（1）三视图的位置分析。依据第一视角投影原理，由三视图可知，图 2-7（a）中的左上图为支撑块零件的主视图、左下图为俯视图、右上图为左视图。三视图之间有长对正、高平齐、宽相等的投影关系。主视图主要表达支撑块零件正立面各组成结构的外形、大小及相对位置关系；俯视图表达支撑块零件左、右和前、后的位置关系，以及各组成结构的外形和大小；左视图反映支撑块零件左、右立面各组成结构的外形、大小及位置关系。

（2）各组成结构的形状分析。从三视图可以得知，唯一在三视图中外形为矩形的是底板，说明底板是由立方体构成的。从左视图可以看出，立板与底板组成 L 形结构，单从左视图无法看出立板的具体结构形状，但可以看出立板中有一条虚线，表示其有一内部结构，具体还需要结合主视图或俯视图去想象。从主视图中可以看出，立板顶部中间有一半圆形缺口，缺口贯穿了整个立板，结合俯视图来看也是如此。另外，左视图中有一斜线表达了组成结构的外形，但不会贯通整个 L 形底板和立板，否则底板和立板的轮廓线不会穿过此斜线，结合主视图和俯视图，可以完全得知此组成结构正面为一矩形斜面，由此可以判定此组成结构为三角形肋板。

（3）综合分析。通过上面的分析，可以想象出支撑块零件的整体形状为：立板和底板组成 L 形支撑块，立板中有一半圆形贯穿缺口，立板与底板之间有一三角形肋板作为结构支撑，如图 2-7（b）所示。

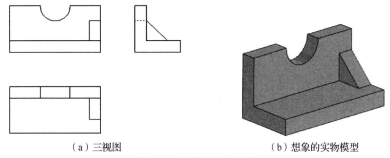

（a）三视图　　　（b）想象的实物模型

图 2-7　支撑块的三视图

由以上分析可知，一个简单的机件可以用三面视图来完全表达其结构和外形。如果在机件中再增加一些特征结构，如倒角、圆角、抽壳、拔模等，就需要增加相应的视图来进一步完善结构的表达。

2.2　常见平面立体和曲面立体三视图的识读

常见的平面立体和曲面立体包括棱柱、棱锥、圆柱、圆锥、圆球等，如图 2-8 所示。三视图的识读内容包括三视图的分析及其基本作图方法。

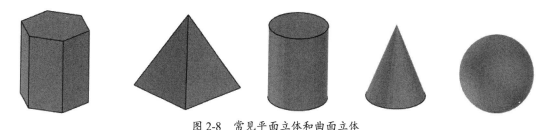

图 2-8　常见平面立体和曲面立体

2.2.1　识读棱柱三视图

棱柱是由棱面和上、下底面围成的平面立体，相邻棱面的交线称为棱线。

【实例解读】

如图 2-9 所示，将正六棱柱放置在三面投影体系中，分别向 V 面、H 面和 W 面进行投影得到三视图，正六棱柱的顶面和底面为水平面，因此 H 面投影具有全等性；前、后两侧棱柱面为正平面，其他四个侧棱面均为铅垂面，它们的水平投影都积聚成直线，与六边形的边重合。正六棱柱前后对称，左右也对称。

由以上分析可知，正六棱柱的三面投影特征为：一个视图有积聚性，反映棱柱形状特征；另外两个视图都是由实线或虚线组成的矩形线框，如图 2-10 所示。

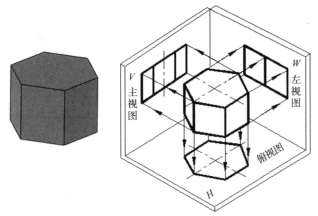

图 2-9 正六棱柱的三面投影

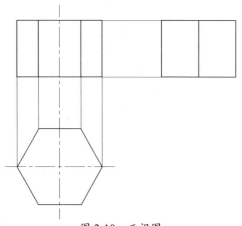

图 2-10 三视图

正六棱柱三视图的画图步骤如下。

（1）用细点画线画出作图基准线。其中，主视图与左视图的作图基准线是正六棱柱的轴线，俯视图的作图基准线是底面正六边形外接圆的中心线，如图 2-11（a）所示。

（2）画正六棱柱的俯视图（正六边形各边为棱面的积聚性投影），按棱柱高度在主视图和左视图上确定顶面和底面的投影，如图 2-11（b）所示。

（3）根据投影关系完成各棱线、棱面的主视图和左视图，如图 2-11（c）所示。

（4）按图线要求描深图线，如图 2-11（d）所示。

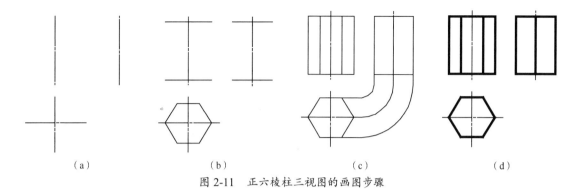

图 2-11　正六棱柱三视图的画图步骤

2.2.2　识读棱锥三视图

棱锥是由棱面和底面围成的，即棱线汇交于一点（锥顶点）。

【实例解读】

如图 2-12 所示，将四棱锥放置于三面投影体系中进行投影，四棱锥底面（长与宽不等的矩形）平行于 H 面且垂直于其他两个投影面，因此俯视图为一矩形。主视图和左视图均积聚为一直线段，四棱锥的四个面（三角形面）不一致，因此 V 面和 W 面的投影视图是不相等的，且投影视图中的三角形均比原棱柱三角面要小。

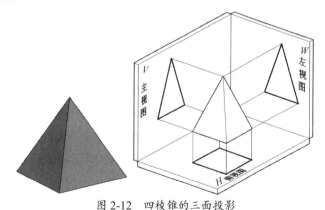

图 2-12　四棱锥的三面投影

投影得到的四棱锥的三视图如图 2-13 所示。

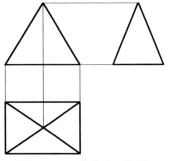

图 2-13 四棱锥的三视图

四棱锥三视图的画图步骤如下。

（1）画出作图基准线，如图 2-14（a）所示。

（2）确定锥顶在 V 面和 W 面的投影，并画出底面（矩形）在 H 面的投影，如图 2-14（b）所示。

（3）根据投影关系完成各棱线、锥面的主视图和左视图，如图 2-14（c）所示。

（4）按图线要求描深图线，如图 2-14（d）所示。

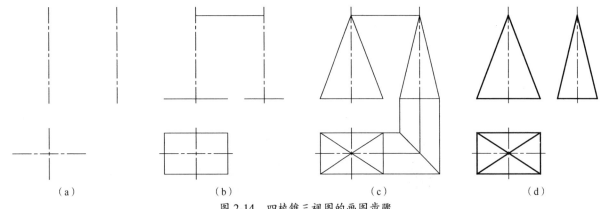

(a)　　　　(b)　　　　(c)　　　　(d)

图 2-14 四棱锥三视图的画图步骤

2.2.3 识读圆柱三视图

圆柱由圆柱面和两端圆平面组成。圆柱面是由一直线绕与之平行的轴线旋转而成的。当圆柱的轴线是铅垂线时，圆柱面上的所有素线都是铅垂线，两端圆平面为水平面。

【实例解读】

圆柱的三面投影与三视图如图 2-15 所示。圆柱轴线垂直于 H 面，两端圆平面平行于 H 面；俯视图反映实形；主视图和左视图各积聚为一直线段，其长度等于圆的直径。圆柱面垂直于 H 面，俯视图积聚为一个圆，与两端圆平面的投影重合。对于圆柱面的另外两个视图，要画出决定投影范围的转向轮廓线（圆柱面对该投影面的可见与不可见分界线）。

圆柱三视图的画图步骤如下。

（1）用细点画线画出作图基准线，如图 2-16（a）所示。其中，主视图和左视图的作图基准线为圆柱的轴线；俯视图的作图基准线为圆柱底面圆的中心线。

（2）从投影为圆的视图开始作图。先画俯视图（圆柱面积聚性投影为圆），并确定两端圆平面在 V 面和 W 面中的投影位置，如图 2-16（b）所示。

（3）画出圆柱面对 V 面和 W 面的转向轮廓线投影，并按图线要求描深图线，如图 2-16（c）所示。

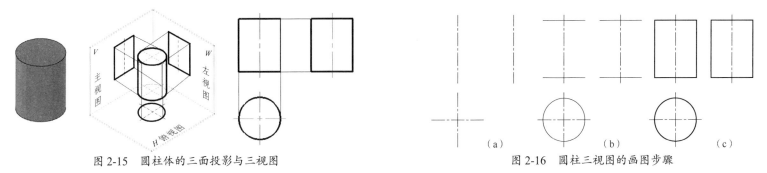

图 2-15 圆柱体的三面投影与三视图　　　　图 2-16 圆柱三视图的画图步骤

2.2.4 识读圆锥三视图

圆锥由圆锥面和底圆平面围成。圆锥面是由母线绕与它端点相交的轴线回转而成的。当圆锥的轴线是铅垂线时，底圆平面为水平面，圆锥面上的所有素线都是通过锥顶的直线。圆锥的视图特点是：俯视图为圆，另外两个视图为三角形线框。

【实例解读】

圆锥的三面投影与三视图如图 2-17 所示。直立圆锥的轴线为铅垂线，底圆平面平行于 H 面，因此底面的俯视图反映实形（圆），其余两个视图均为直线段，且长度等于圆的直径。圆锥面在俯视图上的投影与底面投影的圆重合，其他两个视图均为等腰三角形。

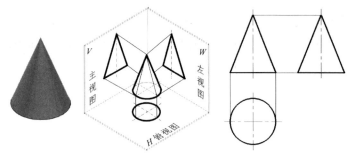

图 2-17　圆锥的三面投影与三视图

圆锥三视图的画图步骤如下。

（1）画出作图基准线，如图 2-18（a）所示。其中，主视图与左视图的作图基准线都是圆锥的轴线；俯视图的作图基准线是底面圆的中心线。

（2）从投影为圆的视图开始作图。画出俯视图，并确定圆锥底面及锥顶点在 V 面和 W 面上的投影位置，如图 2-18（b）所示。

（3）根据三视图投影规律画出锥面对 V 面和 W 面的转向轮廓线投影，并按图线要求描深图线，如图 2-18（c）所示。

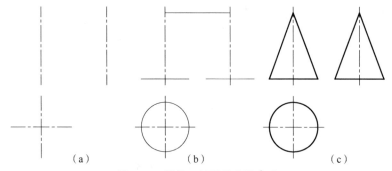

图 2-18　圆锥三视图的画图步骤

2.2.5 识读圆球三视图

圆球由球面围成,球面是一个圆母线绕过圆心且在同一平面上的轴线回转而成的曲面。

【实例解读】

圆球的三面投影圆是球体分别对 V、H、W 三个面的三个转向轮廓线圆的投影,如图 2-19 所示。

圆球的三个视图均为圆,且其直径等于球的直径。球的主视图表示了前、后半球的转向轮廓线(A 圆的投影);俯视图表示了上、下半球的转向轮廓线(C 圆的投影);左视图为左、右半球的转向轮廓线(B 圆的投影)。

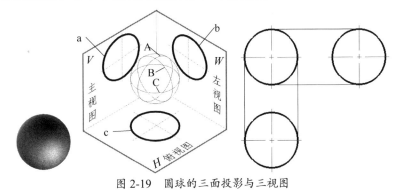

图 2-19 圆球的三面投影与三视图

2.3 截切体三视图的识读

基本体与一个或多个平面相交被截切掉一部分,余下的部分称为截切体。截切体的生成分两种情况:一种是用平面切割平面立体;另一种是用平面切割曲面立体。

2.3.1 用平面切割平面立体的三视图

平面与平面立体相交,主要难点是平面与立体表面截交线的画法。截交线是平面与平面立体表面的交线,是截平面与立体表面的共有线,是封闭的线条。如图 2-20 所示,正六棱柱被截平面切割,得到平面立体截切体。

【实例解读】

(1) 分析。

在绘制平面与平面立体相交产生的截切体三视图时，应先进行以下分析。

① 分析截切体被切割前的平面立体是棱柱还是棱锥。

② 分析投影面的位置，以及是在平面立体的哪个部位上切割的。

③ 分析被切割后平面立体表面产生了哪些新的表面和交线。

④ 分析产生的表面和交线相对于投影面的位置，以及它们的投影特点。

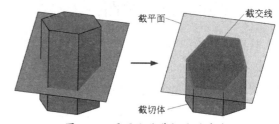

图 2-20　平面立体截切体的产生

在以上分析的基础上画图，步骤是首先画基本体的三视图；其次分别按截切顺序依次画出截切产生的各表面；最后求作被截切后产生的交线的投影（包括两个截平面相交的交线的投影）。

(2) 基本作图。

图 2-21 为基本体是长方体（四棱柱体）的截切体，它的左上角被水平面 A 和侧平面 B 切去；右前上方被水平面 C 和正平面 D 切去。各截平面与长方体表面的交线，以及截平面之间的交线均为相应的投影面垂直线，交线的投影与截切后平面的投影积聚在一起。具体作图步骤如下。

① 绘制基本体和三视图，如图 2-22 所示。

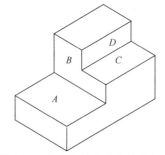

图 2-21　基本体是长方体的截切体

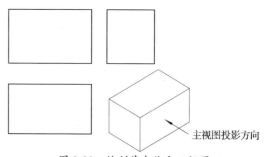

图 2-22　绘制基本体和三视图

② 在主视图中画水平面 A 和侧平面 B 在 V 面的投影，根据投影关系在俯视图和左视图中各增加一条切割线，如图 2-23 所示。

③ 在左视图中画水平面 C 和正平面 D 在 W 面的投影，根据投影关系在主视图和俯视图中各增加一条切割线，如图 2-24 所示。

④ 最后对实线进行加粗描深，得到截切体三视图，如图 2-25 所示。

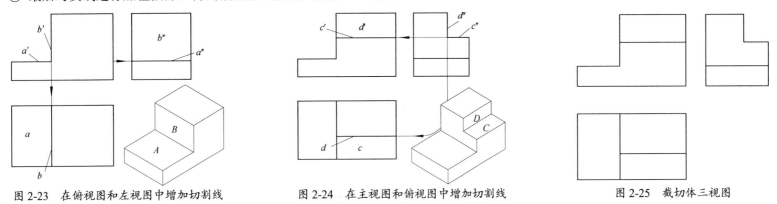

图 2-23　在俯视图和左视图中增加切割线　　图 2-24　在主视图和俯视图中增加切割线　　图 2-25　截切体三视图

【实例解读】

本例通过已知的基本体及部分视图来补画未知视图。

如图 2-26 所示，基本体是四棱柱被平面切割后的截切体，已知主视图和左视图，根据已知条件补画第三视图（俯视图）。

图 2-26　截切体与两面视图

（1）分析。

① 分析截切体中的切割部分形体的轮廓。主视图是截切体在三面投影体系中向 V 面投影的视图。从主视图可得知，用切割平面切割四棱柱的顶部，且切割平面与四棱柱底面平行。

② 从主视图还可以看出，四棱柱底部被切割的部分形体为人字形（截交线为人字形），在四棱柱底部的中间位置，同时能看出该人字

形切割体的大小。

③ 从左视图得知，四棱柱的底面应为长和宽不相等的长方形；图形中的虚线是向 W 面投影人字形切割体得到的，表达了人字形切割体的长度和高度，并完全贯穿了四棱柱。

④ 综合主视图和左视图来看，由于四棱台的前、后两个侧面均为斜面，所以投影到俯视图中应表达为梯形；而截交线在斜面中，因此投影到俯视图中应表达为 V 形。

⑤ 了解了截切体与截交线的形状和位置关系后，分别进行投影就可以得到俯视图中的截切体了。

（2）基本作图。

补画俯视图的基本作图步骤如下。

① 先画出主视图和左视图。

② 通过主视图中各图形顶点竖直向下画出投射线，如图 2-27 所示。

③ 画出一水平线，且与竖直的投射线均相交，如图 2-28 所示。此水平线为俯视图中表达截切体上方的轮廓，投射线的位置与投影没有关系。

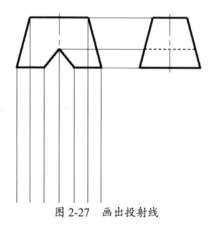

图 2-27　画出投射线

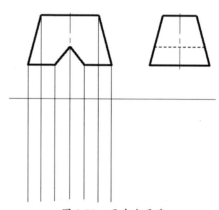

图 2-28　画出水平线

④ 通过左视图的各图形顶点画出向下的投射线，如图 2-29 所示。

⑤ 水平线与左视图的投射线完全相交且垂直，通过水平线与左视图左侧第一条投射线的交点画出 45°的斜线，如图 2-30 所示。

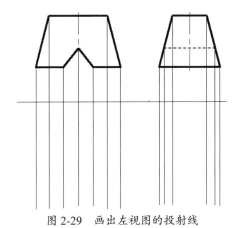

图 2-29　画出左视图的投射线

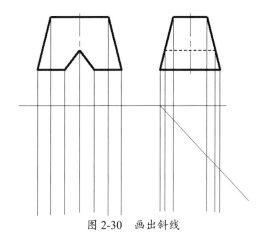

图 2-30　画出斜线

⑥ 斜线与左视图投射线产生交点，依次通过这些交点，向左画出水平线，如图 2-31 所示。

⑦ 所有的水平线与主视图投射线产生交点，这些交点表达了俯视图中图形的顶点。依据这些顶点画直线，以此形成表达截切体外形的轮廓线条，然后描深这些轮廓线条，如图 2-32 所示。

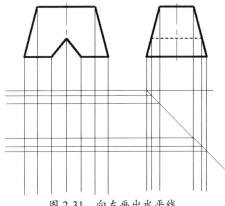

图 2-31　向左画出水平线

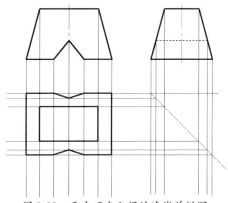

图 2-32　画出顶点之间的连线并描深

⑧ 擦除多余的投射线。在俯视图中，人字形切割体除两端可见外，中间部分需要画出虚线，最终得到的截切体三视图如图 2-33 所示。

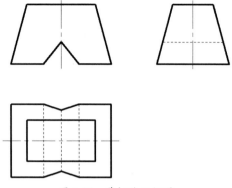

图 2-33 截切体三视图

2.3.2 用平面切割曲面立体的三视图

用平面去切割曲面立体，余下的部分被称为曲面立体截切体，如图 2-34 所示。

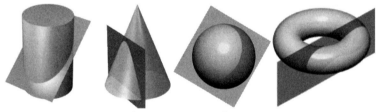

图 2-34 曲面立体截切体

曲面立体的截交线也是一条封闭的平面曲线。在作图时，需要先求出若干共有点的投影，然后用曲线将它们依次光滑地连接起来，即截交线的投影。截交线的形状由曲面立体表面的性质和截平面与曲面立体的相对位置决定。

【实例解读】

图 2-35 为基本体是圆柱且内部开洞的开槽圆筒。

从图 2-35 可以看出，开槽圆筒的上方中间用与其轴线平行的两个侧平面和一个水平面对称地切出了一个通槽。侧平面的 V 面和 H 面投影具有积聚性，W 面投影反映实形。由于两侧平面相对于轴线左右对称，所以它们的 W 面投影重合。侧平面既与外圆柱面相交，又与内圆柱面相交，且交线均为直线，根据三视图的投影规律可得交线的 W 面投影。在左视图中，外圆柱面上的交线可见、内圆柱面上的交线不可见。

开槽圆筒三视图的具体作图步骤如下。

（1）在第一视角的三面投影体系中进行投影，并画出圆筒的三视图，如图 2-36 所示。

图 2-35　开槽圆筒

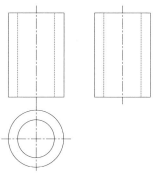

图 2-36　画出圆筒的三视图

（2）在主视图和俯视图中画出通槽外形轮廓，如图 2-37 所示。

（3）将主视图和俯视图中通槽的轮廓线投影到左视图中并描深，如图 2-38 所示。

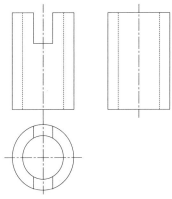

图 2-37　画出通槽外形轮廓

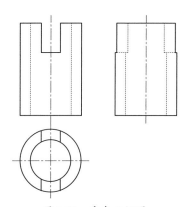

图 2-38　完成三视图

2.4 组合体三视图的识读

在机械图样中，由两个或两个以上的基本体组成的形体称为组合体。组合体的组合方式包括叠加和切割两种。图 2-39 为常见的几种组合体形式。

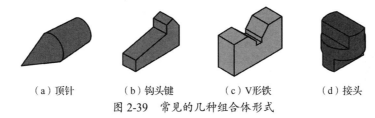

(a) 顶针　　(b) 钩头键　　(c) V形铁　　(d) 接头

图 2-39　常见的几种组合体形式

2.4.1 相贯体三视图的识读

两个曲面立体叠加在一起形成的组合体称为相贯体，其表面相交产生的交线称为相贯线。相贯体是组合体的一种特例。

图 2-40 为几种常见的相贯体的形式。

图 2-40　几种常见的相贯体的形式

下面以两圆柱相交为例介绍其相贯线的特点。由于圆柱有圆柱实体和圆柱孔之分，所以圆柱面也分外圆柱面和内圆柱面。两圆柱面相交会产生以下三种情况。在这三种情况中，前两种情况的相贯线为实线，是可见的；最后一种情况的相贯线在实体内部，是不可见的，需要用虚线来表达。

（1）两外圆柱面相交，如图 2-41（a）所示。

（2）外圆柱面与内圆柱面相交，如图 2-41（b）所示。

（3）两内圆柱面相交，如图 2-41（c）所示。

（a）两外圆柱面相交　　　　　　（b）外圆柱面与内圆柱面相交　　　　　　（c）两内圆柱面相交

图 2-41　两圆柱面相交的三种情况

相贯线的形状和大小由相交的两圆柱面确定，在两圆柱轴线共同平行的投影面上，相贯线的投影形状和弯曲程度也会有所不同。

当相交的两个圆柱直径不相同时，相贯线的投影向着直径大的圆柱轴线方向弯曲，如图 2-42（a）、（b）所示；当相交的两个圆柱直径相等时，相贯线为两条交叉的椭圆线，且椭圆线所在的平面垂直于 V 面，此时相贯线在向 V 面投影时，会形成两条相交的直线，如图 2-42（c）所示。

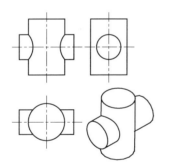 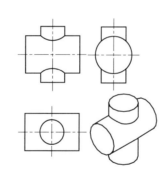 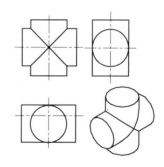

（a）水平圆柱直径小于竖直圆柱直径　　　　（b）竖直圆柱直径小于水平圆柱直径　　　　（c）两圆柱直径相等

图 2-42　圆柱相贯线的投影特点

【实例解读】

相贯体三视图的难点在于相贯线的取点。当两圆柱相贯或圆柱与其他回转体相贯时，如果圆柱的轴线垂直于其中一个投影面，那么圆柱面在这个投影面上的投影具有积聚性。利用这个投影，按照曲面立体表面取点的方法可求出相贯线的其他两面投影。

如图 2-43 所示，求作主视图中两圆柱的相贯线。

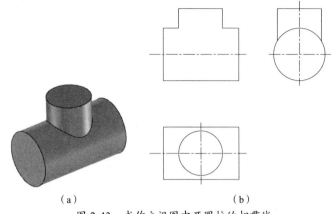

图 2-43　求作主视图中两圆柱的相贯线

1. 分析

（1）形体分析：由图 2-43（a）得知，本例为两个直径不同的圆柱相交，因此相贯线为封闭的空间曲线。

（2）位置分析：从左视图得知，两圆柱的轴线垂直相交，小圆柱的轴线垂直于 H 面，且其 H 面的投影具有积聚性；大圆柱的轴线垂直于 W 面，且其 W 面投影具有积聚性。

（3）投影分析：将左视图中的小圆柱的轮廓线及大圆柱的轮廓线、轮廓线与轴线的交点分别投影到主视图中，然后将俯视图中小圆柱的轮廓线与轴线的交点投影到主视图中，以此获得主视图中相贯线的经过点。

2. 基本作图步骤

（1）仅仅将原有轴线与轮廓线的交点（点 1、点 3、点 5、点 7）向 V 面投影是不能完全确定相贯线的形状的，需要在俯视图中添加 4 个相贯线经过点（点 2、点 4、点 6、点 8）才能满足条件，如图 2-44 所示。

（2）将俯视图中增加的点 2、点 4、点 6 和点 8 投影到左视图（W 面）中，如图 2-45 所示。

（3）将左视图和俯视图中的相贯线经过点（除点 1 和点 5 外）投影到主视图中，从两个视图进行投影的投射线会相交，交点就是主视图中的相贯线经过点，如图 2-46 所示。

（4）最后画样条线连接主视图中的相贯线经过点，并将轮廓线描深，得到完整的相贯体三视图，如图 2-47 所示。

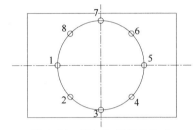

图 2-44 增加相贯线经过点

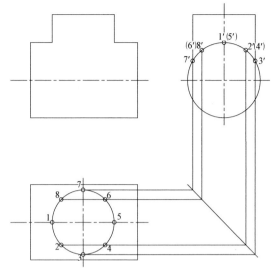

图 2-45 将相贯线经过点投影到左视图中

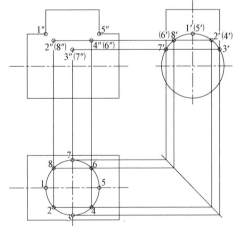

图 2-46 将相贯线经过点投影到主视图中

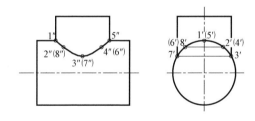

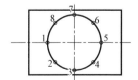

图 2-47 完整的相贯体三视图

2.4.2 其他类型组合体三视图的识读

组合体的组成有简单的，也有比较复杂的，有些组合体中既有基本体叠加形式，又有切割形式。两基本体在组合时，根据组合方式或结合面的相对位置不同，形体之间的表面连接关系可分为以下四种情况。

1. 两基本体的表面平齐

两基本体在组合时，表面的平面连接会出现不平齐和平齐两种情况。如图 2-48 所示，此组合体的前、后端面是平齐的，因此在主视图中，两表面的投影之间不画线。

2. 两基本体的表面不平齐

当两基本体组合且其表面连接出现不平齐的情况时，可在主视图中两表面的投影之间画出实线以分开，如图 2-49 所示。

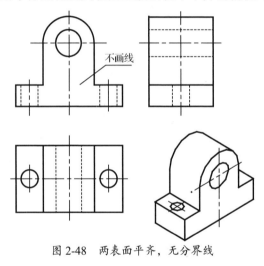

图 2-48　两表面平齐，无分界线

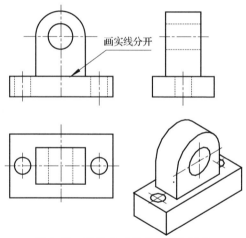

图 2-49　两表面不平齐，有分界线

3. 两基本体的表面相切

表面相切是指其中一个基本体的面与另一个基本体的面光滑连接（相切连续），相切处无分界线，因此在视图中两表面的相切处不画线。相切是基本体在叠加和切割时表面连接关系的特殊情况，如图 2-50 所示。

4．两基本体的表面相交

当两基本体的表面相交时会产生交线，此交线为区分两形体表面的分界线，如相贯体的相贯线和截切体的截切线。在视图中应画出相交基本体的相贯线投影，如图 2-51 所示。

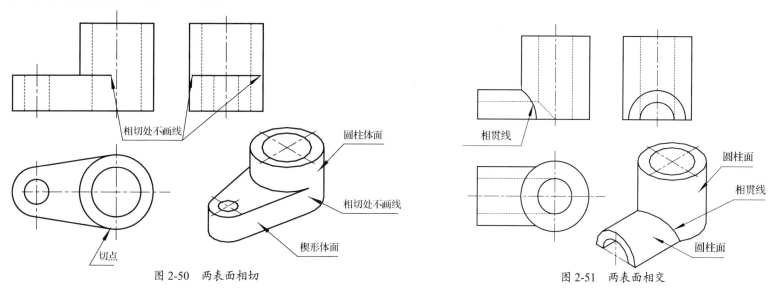

图 2-50　两表面相切

图 2-51　两表面相交

【实例解读】

本例采用形体分析法来识读叠加组合体的三视图。

（1）分析。

所谓形体分析法，就是分析所画的组合体是由哪些基本形体按照怎样的方式组合而成的；明确各部分的形状、大小和相对位置关系，以及哪个基本形体是组成该组合体的主体部分，从而认清所画组合体的形体特征的分析方法。

图 2-52 为支架零件的形体。

① 结构分析：支架零件主要由轴套、支撑肋板和底座构成。

② 表面连接分析：通过结构组成可以看出，支撑肋板 A 与轴套相切连接，相切处无分界线；支撑肋板 A、B 与底座相交且均有交线，

在视图中需要画出；支撑肋板与底座连接时外侧面是平齐的、内侧是不平齐的，但视图中将主要表达内侧的连接情况。

③ 轴套中的内孔在主视图中可见，但在左视图和俯视图中不可见，需要用虚线表达。底座中的两个通孔，在俯视图中可见，但在左视图和主视图中不可见，也需要用虚线表达。

④ 通过标识的投射方向想象各视图的基本组成。

（2）基本作图步骤。

① 抓特征，分线框。支架零件主视图主要反映支架的形体特征，可先将视图投射方向的零件图形分成几个主要线框，表达出主要形体，如图 2-53 所示。

② 中间部分的形体为两个支撑肋板，用水平直线、竖直线和斜线在主视图中画出中间部分的支撑肋板，并利用投影关系补画其余视图中的支撑肋板，如图 2-54 所示。

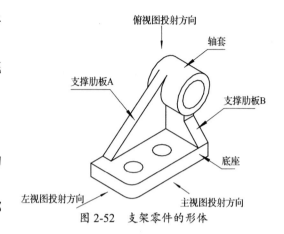

图 2-52 支架零件的形体

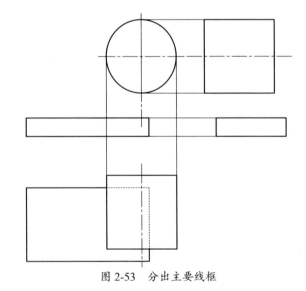

图 2-53 分出主要线框

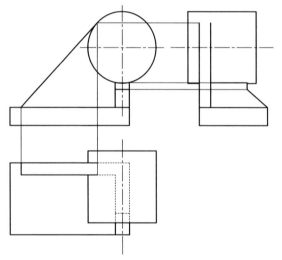

图 2-54 画出中间部分的支撑肋板

③ 根据图 2-52 提供的支架零件的形体分析细节部分，补画轴套孔和底座孔，如图 2-55 所示。

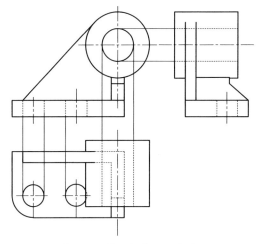

图 2-55　补画轴套孔和底座孔

④ 擦除多余的线，描深形体轮廓，完成支架零件的三视图，如图 2-56 所示。

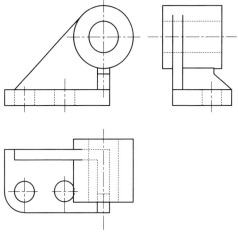

图 2-56　支架零件的三视图

2.5 练习题

（1）补画三视图中的漏线，如图 2-57 所示。

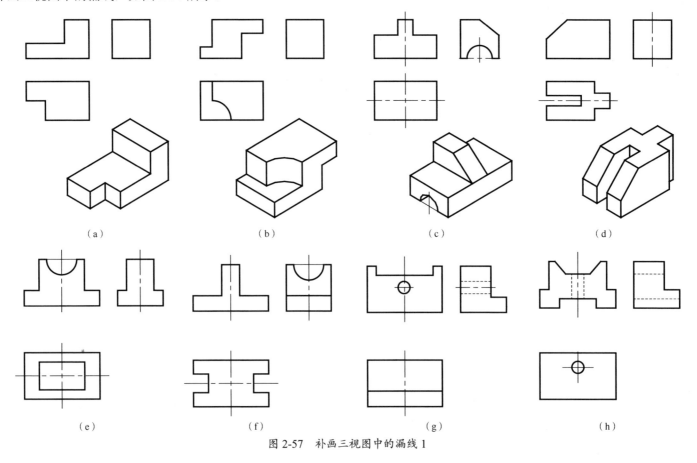

图 2-57 补画三视图中的漏线 1

（2）补画三视图中的漏线，如图 2-58 所示。

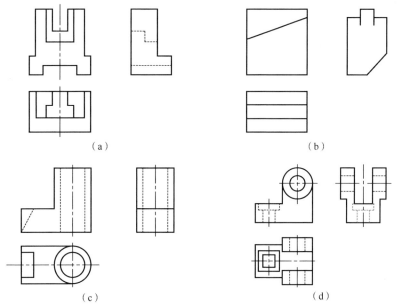

图 2-58 补画三视图中的漏线 2

（3）按照立体图给定的尺寸画出三视图，如图 2-59 所示。

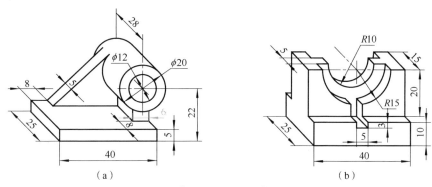

图 2-59 画三视图

（4）补画视图和漏线完成三视图，如图 2-60 所示。

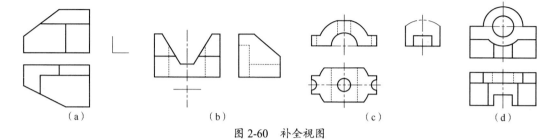

图 2-60　补全视图

（5）补全平面立体表面上点、线的三面投影，如图 2-61 所示。

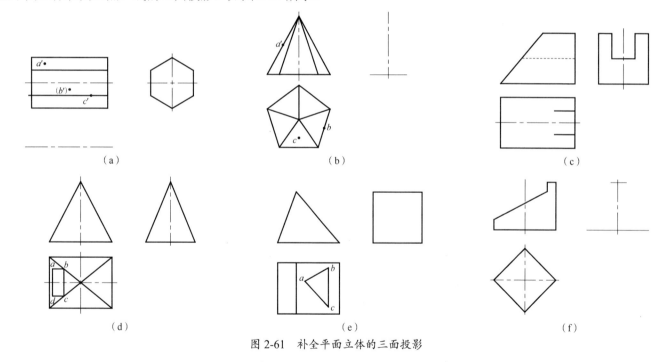

图 2-61　补全平面立体的三面投影

（6）补全曲面立体表面上点、线的三面投影，如图 2-62 所示。

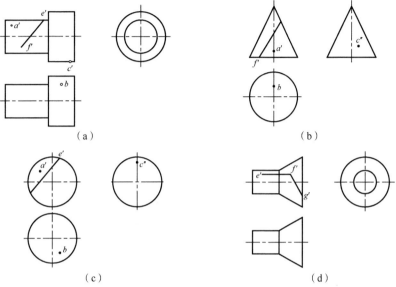

图 2-62　补全曲面立体的三面投影

（7）画出截交线，如图 2-63 所示。

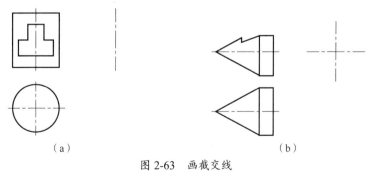

图 2-63　画截交线

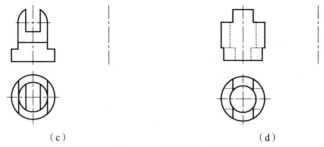

(c)   (d)

图 2-63　画截交线（续）

（8）画出相贯线，如图 2-64 所示。

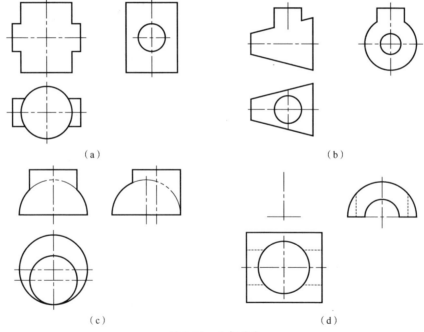

图 2-64　画相贯线

(9) 按轴测图上所注尺寸，采用适当比例在 A3 图纸上画三视图并标注尺寸，如图 2-65 所示。

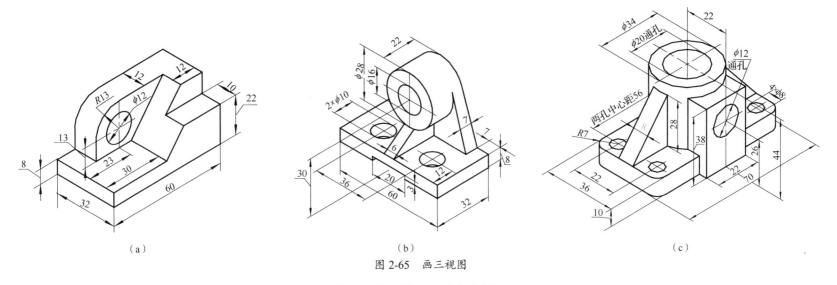

图 2-65 画三视图

(10) 参照图 2-66（a），在图 2-66（b）～（d）中构思形体，徒手画出立体图。

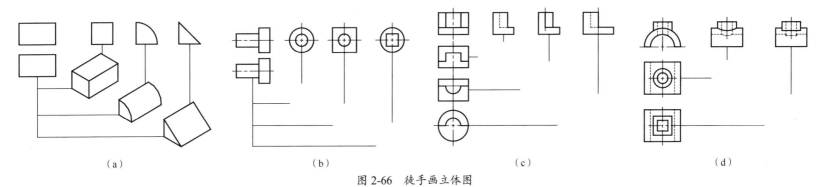

图 2-66 徒手画立体图

第 3 章

识读机件表达视图

本章重点

(1) 机件表达的六个基本视图。
(2) 机件表达的辅助视图。
(3) 剖视图的识读方法。
(4) 断面图的识读方法。

学习目的

(1) 掌握基本视图的投影原理和视图表达方法。
(2) 掌握机件的辅助视图表达方法。
(3) 熟练掌握剖视图、断面图的剖切平面选择和视图表达方法。
(4) 了解机械图样的其他简化画法。

3.1 识读机件表达的基本视图与辅助视图

机件的视图常用来表达机件的组成结构和基本外形，在视图中仅画出可见部分轮廓和内部结构组成的表面连接线，必要时需要画出虚线，以表达不可见部分。

机件表达的常见基本视图类型包括六个基本视图和辅助视图。

3.1.1 识读六个基本视图

六个基本视图是在空间中通过向六个投影面进行投影而得到的投影视图。

第 2 章介绍的简单机件在三面投影体系中仅需三个投影视图就可以完整表达机件的外形和组成结构。但若是内部组成结构复杂与外形多样化的机件，则仅仅用三个投影视图是不足以完整地表达其外形与组成结构的，此时需要增加视图。为了完整、清晰地表达机件各个方向上的形状，在机械图纸设计中常使用六个基本视图来表达机件的外形与组成结构形状。

依据国标的规定，用正方体的六个面作为六个投影面，把机件放置于正方体的中心，然后通过正投影法分别向六个投影面进行投影，即可得到机件的六个基本视图，这六个基本视图分别是由前向后、由上向下、由左向右投影所得的主视图、俯视图和左视图，以及由右向左、由下向上、由后向前投影所得的右视图、仰视图和后视图。

六个基本投影面及其展开方式如图 3-1 所示。

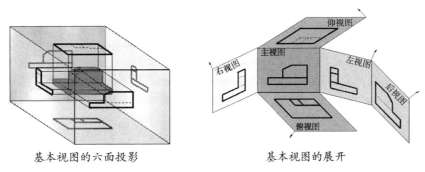

基本视图的六面投影　　　　基本视图的展开

图 3-1　六个基本投影面及其展开方式

与三视图的投影原理相同，基本视图同样具有长对正、高平齐、宽相等的投影规律，即主视图、俯视图和仰视图长对正（后视图同样反映零件的长度尺寸，但不与上述三视图对正），主视图、左视图、右视图和后视图高平齐，左视图与右视图、俯视图与仰视图宽相等。另外，主视图与后视图、左视图与右视图、俯视图与仰视图还具有轮廓对称的特点。展开后的各视图的配置如图 3-2 所示。

需要说明的是，并非在表达机件时就一定要画出六个基本投影视图（有些机件甚至画两个基本视图就能清晰完整地被表达），应根据机件的结构和外形特点来决定选用六个基本视图中的哪几个，一般会优先考虑主视图、左视图和俯视图。

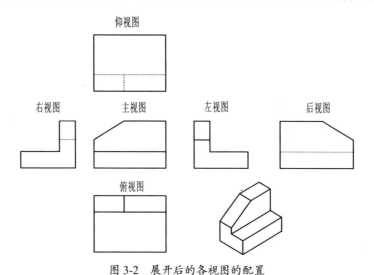

图 3-2 展开后的各视图的配置

【实例解读】

如图 3-3 所示的机件，由于其在多个投影面都有结构和外形变化，除优先采用主视图、左视图和俯视图来表达三个投影面的外形与结构外，还增加了右视图和仰视图，这样可以避免在左视图和俯视图中添加过多的虚线（部分虚线与实线重叠）而影响整体表达。当然，采用剖视图方法来表达，将主视图对中全剖切，也能清晰地表达俯视投影面和仰视投影面的结构与形状，这样可以减少一个基本视图。

如图 3-4 所示（安装支架零件），除选用主视图、俯视图、左视图来表达结构与形状外，还选用了后视图，以表达安装支架后面的孔的形状和位置，这样可以避免主视图出现过多的虚线而影响整体表达。

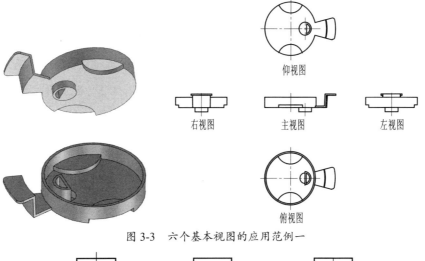

图 3-3 六个基本视图的应用范例一

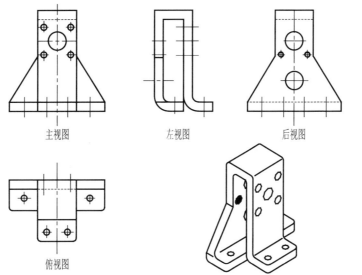

图 3-4 六个基本视图的应用范例二

3.1.2 识读辅助视图

当使用六个基本视图仍未表达清楚机件,但又没有必要画出整个基本视图时,可增加向视图、局部视图或斜视图。

1. 向视图

向视图是可自由配置的视图。如果当视图不能按基本位置[见图3-5(a)]配置时,则应在向视图的上方标注大写的英文字母,在相应的视图附近用箭头指明投射方向,并注上相同的字母,如图3-5(b)所示。

【实例解读】

如图3-6所示,机件中有两个斜面结构,其中,一个斜面中有通孔;另一个斜面为长方形倒圆角后的形状。此时采用六个基本视图是不能正确表达斜面和通孔的形状与大小的。在采用四个基本视图后,再增加两个向视图(M视图和K视图),可表达出两个斜面和通孔的形状与大小。

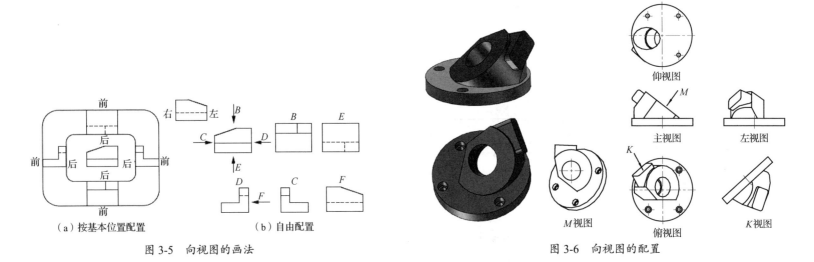

图3-5 向视图的画法

图3-6 向视图的配置

2. 局部视图

当机件的某一部分形状需要局部范围的表达而又没有必要画出整个基本视图时,可以只将机件的这部分形状向基本投影面投射而得到小范围视图,这称为局部视图。

局部视图遵循将机件的某一部分向基本投影面投射这个基本原则。

【实例解读】

如图 3-7（a）所示，机件左侧凸台的实际结构和外形在主视图和俯视图中均不能反映出来，在清楚了凸台附着在圆柱面上的情况下，没有必要在左视图中将圆柱面画出，因为该圆柱面已经在主视图和俯视图中可知，此时可用局部视图来表示凸台形状，这样既可以做到表达完整，又使视图简明，避免了重复，方便看图、画图。

局部视图的断裂边界用波浪线或双折线表示。当局部视图表示的局部结构完整，且外轮廓线又为封闭的独立结构形状时，可省略波浪线，如图 3-7（a）中的局部视图 *B*。

当用波浪线作为断裂分界线时，波浪线不应超过机件的轮廓线，并且应画在机件的实体上（不可画在机件的中空处），如图 3-7（b）所示。

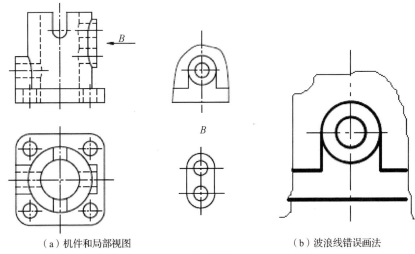

（a）机件和局部视图　　　　　　　　　　（b）波浪线错误画法

图 3-7　局部视图的画法

3. 斜视图

机件向不平行于任何基本投影面的平面投射所得的视图称为斜视图。斜视图主要用于表达机件上倾斜部分的实形。

斜视图通常按向视图的配置形式进行配置和标注（见图 3-8）。必要时允许将斜视图进行旋转配置。表示该视图名称的大写英文字母应靠近旋转符号的箭头端（见图3-8中的A向斜视图），允许将旋转角度标注在字母之后。角度值是实际旋转角的大小，箭头方向是旋转的实际方向。

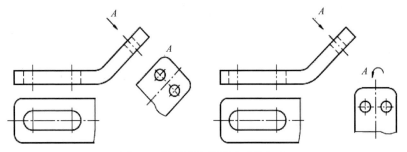

图3-8　斜视图配置形式及其标注

【实例解读】

在如图3-9所示的机件视图中，斜视图用来表达机件上倾斜部分的实形，因此其余部分不必全部画出，断裂边界用波浪线表示。

当斜视图中的外形轮廓处于封闭状态，且所表达的倾斜结构又完整时，可不用画出表示断裂边界的波浪线。

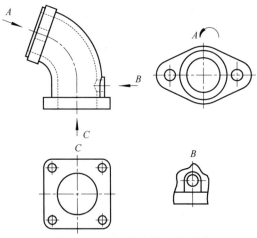

图3-9　局部视图和斜视图示例

3.2 识读剖视图与断面图

机件上不可见的结构形状规定用虚线表示，不可见的结构形状越复杂，虚线越多，这样不利于读图和标注尺寸。因此，经常采用剖视图来表达机件不可见的内部结构形状。

要生成剖视图，就需要了解什么是剖切平面、什么是剖视图。剖切平面是假想的，它可以是平面也可以是曲面。利用剖切平面将机件剖切开，从而得到两部分形体，只保留其中一部分，再将保留部分的形体向投影面进行投射，投射所得的图形就是剖切视图，简称剖视图或剖视，如图 3-10 所示。

剖切平面与机件接触的部分为剖面。剖面是由剖切平面和机件相交所得的交线围成的封闭图形。

因为剖切是假想的，实际上的机件仍是完整的，所以在画其他视图时，仍应按完整的机件来画。

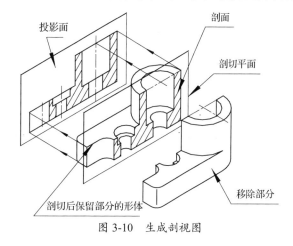

图 3-10　生成剖视图

GB/T 17452—1998 规定，剖视图分为全剖视图、半剖视图和局部剖视图。

3.2.1 识读全剖视图

用剖切平面将机件完全地剖开所得的剖视图称为全剖视图。全剖视图可以替代六个基本视图之一，用以表达机件的内部特征和形状，如图 3-11 所示。

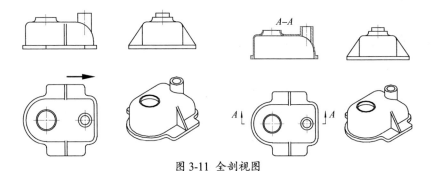

图 3-11 全剖视图

【实例解读】

何时采用全剖视图来表达机件的内部结构及形状呢？这要根据机件的结构来判断。一般当机件中有孔、薄壁、凹槽、凸起等特征（或机件内部结构复杂且不对称）需要清晰表达时，可以对机件进行剖切，进而投影得到全剖视图。

为了表达如图 3-12 所示的机件中间的通孔和两边的槽，选用一个平行于正面且通过机件前、后对称平面的剖切平面，然后将机件完全剖开并向正面投射得到全剖视图。

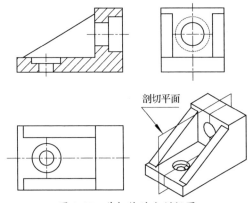

图 3-12 某机件的全剖视图

3.2.2 识读半剖视图

当机件具有对称平面,并向垂直于对称平面的投影面上投射时,以对称中心线为界,一半画成剖视图,用以表达内部结构形状;另一半保持基本视图原样,用以表达外部结构形状,这种剖视图称为半剖视图,如图 3-13 所示。

【实例解读】

如图 3-14 所示,此机件的外部结构及形状都比较复杂,但在整体上,机件的前、后及左、右的结构是分别对称的。为了清楚地表达它的内部、外部结构形状,可采用半剖视图的表达方法。

主视图以左、右对称中心线为界:左边保持基本视图;右边画成剖视图,用以表达机件内部的阶梯孔。

俯视图以前、后对称中心线为界:后边画成基本视图;前边经 A-A 剖切并投影画出剖视图,用以表达机件凸台及其上面的小孔。

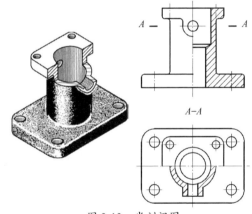

图 3-13 半剖视图

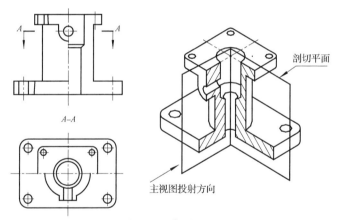

图 3-14 半剖视图

在画半剖视图时,应注意以下几点。

(1)在半剖视图中,一半视图和一半剖视图的分界线是该机件对称平面的投影,即对称中心线,通常用细点画线画出。半剖视图可画在分界线的任意一边。

(2)在半剖视图中,机件的内部形状已经被表达清楚了,因此在半视图中不必画虚线。

(3)当机件的形状接近对称,且不对称部分已另有图形将其表达清楚时,也可画成半视图。

3.2.3 识读局部剖视图

当机件中存在部分内部结构形状未表达清楚，而又没有必要画出全剖视图或不适合画半剖视图时，可用剖切平面将机件局部剖开，将得到的剖视图称为局部剖视图，如图 3-15 所示。

局部剖切后，机件断裂处的轮廓线用波浪线表示。为了不引起读图的误解，波浪线不能与图形中的其他图线重合，也不能画在其他图线的延长线上。图 3-16 为波浪线的错误画法。

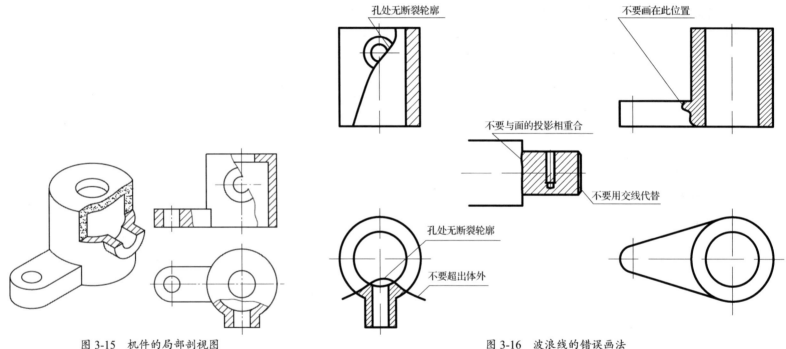

图 3-15　机件的局部剖视图　　　　　　　　　　　图 3-16　波浪线的错误画法

当对称机件在对称中心线处有图线而不便采用半剖视图时，可使用局部剖视图，如图 3-17 所示。

第 3 章 识读机件表达视图

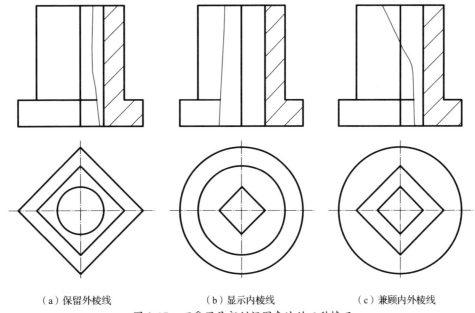

(a) 保留外棱线　　　　(b) 显示内棱线　　　　(c) 兼顾内外棱线

图 3-17 可采用局部剖视图表达的三种情况

3.2.4 识读其他剖视图

除了用前面三种国标规定的标准剖视图来表达复杂结构的机件，还有一些机件的内部结构特征多且复杂，在应用全剖视图、半剖视图或局部剖视图后，仍然不能完整清晰地表达其内部的结构形状与位置，此时需要采用其他剖切方式，如旋转剖视图、阶梯剖视图。

1. 旋转剖视图

旋转剖视图一般用于表达盘盖类零件和支架类零件的内部结构，如图 3-18 所示。

用剖切平面剖切后的其他结构，一般仍按原来位置投射，如图 3-19 所示的主视图中的小孔在俯视图上的投影位置。

当剖切后产生不完整部分时，应将此部分按不剖来绘制，如图 3-20 所示。

当采用旋转剖视图时，必须按规定进行标注。连杆的旋转剖视图和旋转剖视图的展开画法分别如图 3-21 和图 3-22 所示。

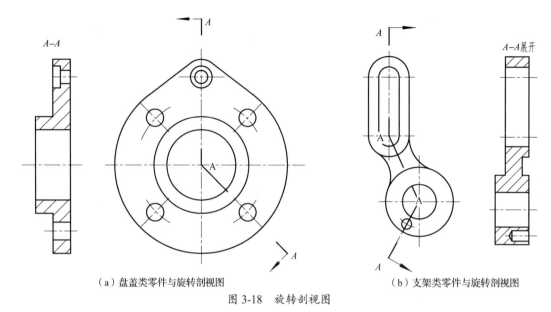

（a）盘盖类零件与旋转剖视图　　　　　　　（b）支架类零件与旋转剖视图

图 3-18　旋转剖视图

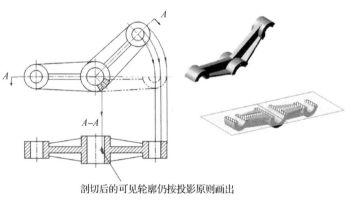

图 3-19　剖切后的其他结构的表达方法

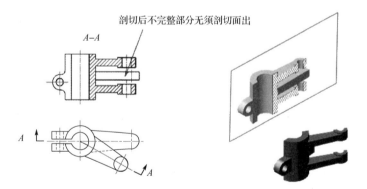

图 3-20　不完整部分的表达方法

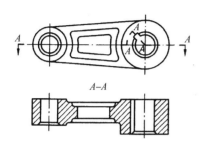

图 3-21 连杆的旋转剖视图

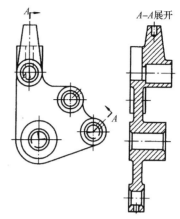

图 3-22 旋转剖视图的展开画法

2．阶梯剖视图

有些机件即使用多个平行的剖切平面也不能完整地表达其内部结构，在这种情况下就可以使用连续的、折叠的多个剖切平面来表达机件，这样的剖切视图就是阶梯剖视图。

阶梯剖视图也是一种常见的表达机件结构的方法。利用阶梯剖剖切机件所得到的视图往往会使某部分图形被拉长，有些阶梯剖视图还要展开绘制，如图 3-23 所示。在图 3-23 中，用三个连续的剖切平面将机件剖开，因为其下方两个剖切平面均需要旋转到与机件中心轴线平行的位置，所以将剖视图展开后感觉被拉长了，这部分的图形不再与主视图保持对应的投影关系，这时需要在阶梯剖视图的上方标注"×-×展开"的字样。

对于不同类型的机件，如何恰当地选用剖视图和剖切平面种类，需要根据机件的结构形状、表达的需要来确定。

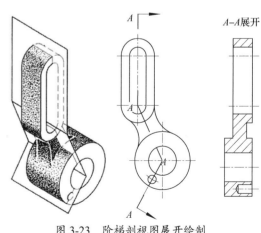

图 3-23 阶梯剖视图展开绘制

3.2.5 识读断面图

假想用剖切平面将机件的某处切断，仅画出该剖切平面与机件接触部分（剖面区域）的图形，称为断面图，简称断面。断面图在机械图样中常用来表达机件某处的断面结构与形状，如机件上的筋、键槽、孔、轮辐及某些金属型材等。

如图3-24所示，只画出了吊钩的一个主视图，并在结构外形发生变形的部位画出了断面形状，就把整个吊钩的结构形状都表达清楚了，比用多个视图或剖视图更简便、明了。

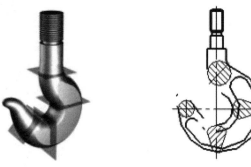

图3-24 吊钩的断面图

断面图与剖视图的区别：断面图只画出剖切平面和机件相交部分的断面形状，而剖视图则需要把断面和断面后机件可见的最大外形轮廓线都画出来。

【实例解读】

图3-25为轴零件的主视图、左视图和剖视图，虽然通过视图的表达基本上能够想象出轴零件的形状了，但是不能表达轴孔的内部结构形状。

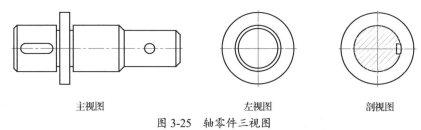

主视图　　　　　左视图　　　　剖视图

图3-25 轴零件三视图

（1）轴零件中的键槽可以从主视图和剖视图中完整地表达出来，但键槽图形在剖视图中并不突出，需要利用剖切平面将键槽进行剖切，仅将接触部分的剖面区域旋转 90°，使其与视图平面重合，从而得到断面图，如图 3-26 所示。

（2）断面图剖面线的画法应与剖视图剖面线的画法一致。此外，断面图应画在基本视图外，轮廓线用粗实线绘制。当移出断面图时，可配置在剖切符号或剖切线的延长线上。如果机件的断面形状一致或均匀变化，则在移出断面图时，可配置在视图的中断处（见图 3-24）。

（3）轴零件的通孔位置也应用剖切平面进行剖切，从而得到该处的断面图 *B-B*，如图 3-27 所示。

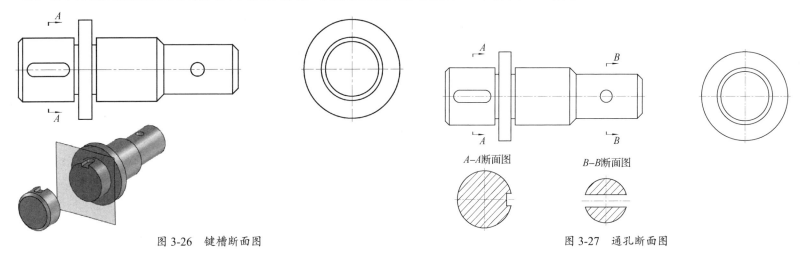

图 3-26　键槽断面图

图 3-27　通孔断面图

3.3　表达视图的简化画法

在国标中，对于机械制图的画法，规定了一些简化画法、规定画法和其他表示方法，这在绘图和读图中会经常遇到，因此必须掌握。

在机械零件图中，除了上述几种标准画法，还有其他几种简化画法，如断开画法、相同结构要素的省略画法、筋和轮辐的规定画法、对称机件的简化画法。

1. 断开画法

对于较长的机件（如轴、连杆、筒、管、型材等），若机件沿长度方向的形状一致或按一定规律变化，则可在断开后绘制，但要标注实际尺寸。在画图时，可用如图3-28所示的方法表示，折断处的表示方法一般有两种：一种是用波浪线断开，如图3-28（a）所示；另一种是用双折线断开，如图3-28（b）所示。

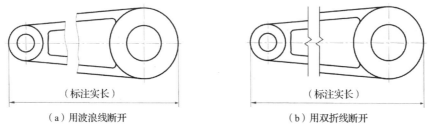

图3-28 拉杆零件的断开画法

2．相同结构要素的省略画法

当机件具有若干相同结构（如孔、齿、槽等）并按一定规律分布时，只需画出一个或几个完整的孔（或齿、槽），其余用点画线（齿、槽用细实线连接）表示孔位置即可。需要注意的是，在零件图中必须注明该结构的总数，如图3-29所示。

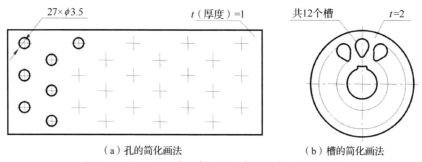

图3-29 按一定规律分布的若干相同结构的简化画法

3．筋和轮辐的规定画法

对于机件的筋、轮辐及薄壁等，如果按纵向剖切，那么这些结构都无须画剖面符号，只需用粗实线将它与其邻接的部分分开即可。当零件回转体上均匀分布的筋、轮辐、孔等结构不在剖切平面上时，可将这些结构旋转到剖切平面上并画出，如图3-30所示。

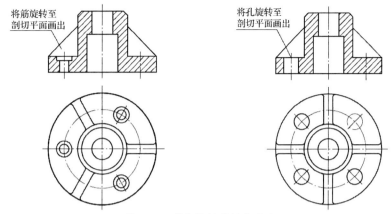

图 3-30 筋和轮辐的规定画法

4．对称机件的简化画法

当某一图形对称时，可只画出略大于 1/2 的图形。在不引起误解的前提下，对于对称机件的视图，也可只画出 1/2 或 1/4 的图形，但是此时必须在对称中心线的两端画出两条与其垂直的平行细实线，如图 3-31 所示。

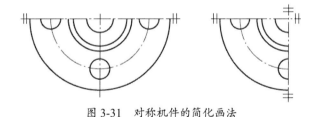

图 3-31 对称机件的简化画法

3.4 练习题

（1）依据现有的视图，画出物体的俯视图、仰视图、右视图、后视图（虚线不画），如图 3-32 所示。

（2）依据现有视图画出 A 处的斜视图，如图 3-33 所示。

(3) 依据现有视图画出 A 处的斜视图，如图 3-34 所示。

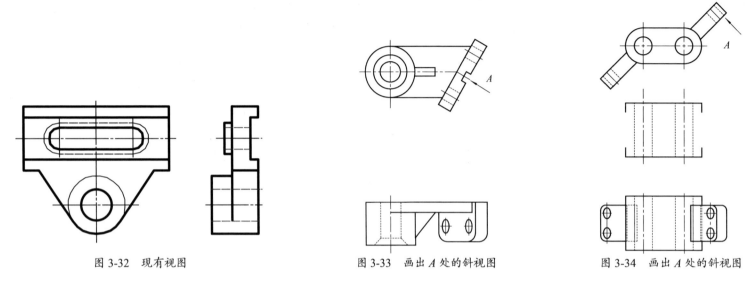

图 3-32 现有视图　　图 3-33 画出 A 处的斜视图　　图 3-34 画出 A 处的斜视图

(4) 将图 3-35（a）中的主视图改为全剖视图；将图 3-35（b）中的左视图改为全剖视图。

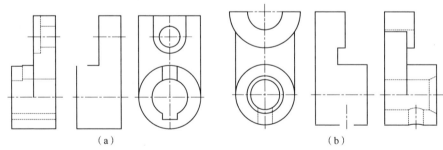

（a）　　　　　　　　　　　（b）

图 3-35 基本视图改全剖视图

(5) 找出图 3-36 中的错误，并画出正确的局部剖视图。

(6) 看图完成 A-A 剖视图，如图 3-37 所示。

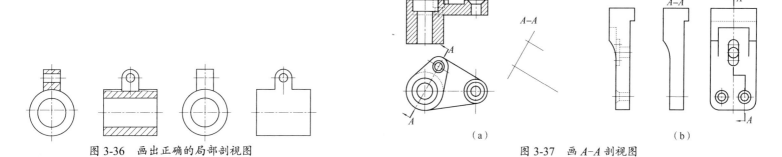

图 3-36 画出正确的局部剖视图

图 3-37 画 A-A 剖视图

（7）补画出 A-A 全剖视图，如图 3-38 所示。

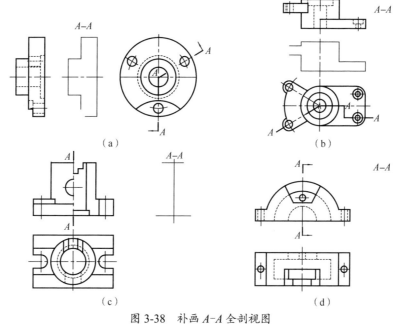

图 3-38 补画 A-A 全剖视图

(8) 在指定位置作移出断面图（前面键槽深 4mm，右为通孔），如图 3-39 所示。

(9) 在指定位置作移出断面图（后面键槽深 4mm），如图 3-40 所示。

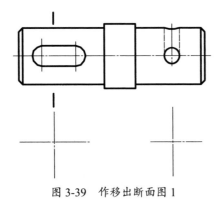

图 3-39　作移出断面图 1

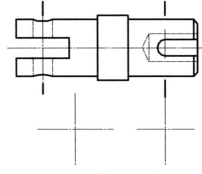

图 3-40　作移出断面图 2

(10) 根据轴测图上所注的尺寸画全剖视图（按尺寸比例 1:1 画图），并标注尺寸，如图 3-41 所示。

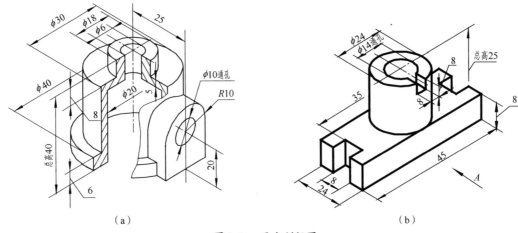

(a)　　　　　　　　　　　　　　(b)

图 3-41　画全剖视图

第 4 章
绘制机件轴测图

本章重点

（1）轴测图的基本概念。
（2）正等轴测图、正二等轴测图和斜二等轴测图的画法。

学习目的

（1）了解轴测图的形成、分类及特性。
（2）掌握轴测图的画法，能绘制平面立体和曲面立体轴测图。

4.1 轴测图的基础知识

轴测图是利用平行投影法投影机件而得到的立体图，它具有良好的直观性和度量性。在机件表达的视图中，增加轴测图可以提升对机件外观和结构的认知。在一般情况下，对于没有经过深度学习机械制图的人员，是很难看懂投影视图的。而轴测图比投影视图更生动、更具有立体感，因此，在机械图样中，通常会在已完整表达机件结构的视图中再配置一个轴测图，以帮助我们看懂机件。

4.1.1 轴测图的形成

轴测图是利用平行光线来投射机件（包括其直角坐标系），沿着不平行于任一坐标轴向向单一投影面进行投射而形成的具有立体感的视图，如图4-1所示。

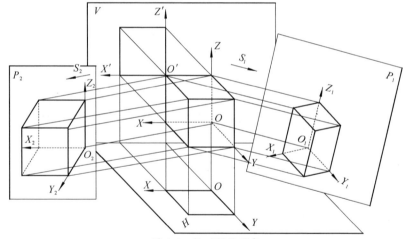

图4-1 轴测图的形成

单一投影面称为轴测投影面，机件的长、宽、高三个方向的坐标轴 OX、OY、OZ 在轴测图中的投影 O_1X_1、O_1Y_1、O_1Z_1 和 O_2X_2、O_2Y_2、O_2Z_2 称为轴测轴。在轴测投影中，任意两轴之间的夹角 $\angle X_1O_1Z_1$、$\angle X_1O_1Y_1$、$\angle Y_1O_1Z_1$ 称为轴间角。

轴测轴上的单位长度与相应直角坐标轴上的单位长度的比值称为轴向伸缩系数。O_1X_1、O_1Y_1、O_1Z_1 轴上的轴向伸缩系数分别用 p_1、q_1、

r_1 表示。

为了便于作图,在绘制轴测图时,对轴向伸缩系数进行简化,以使其成为简单的数值。简化的轴向伸缩系数分别用 p、q、r 表示。

用正投影法形成的轴测图为正轴测图;用斜投影法形成的轴测图为斜轴测图。

为了便于作图,GB/T 14692—2008 推荐的轴测图有正等轴测图、正二轴测图及斜二轴测图,如图 4-2 所示。

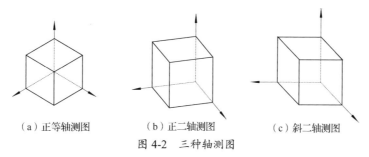

（a）正等轴测图　　　（b）正二轴测图　　　（c）斜二轴测图

图 4-2　三种轴测图

4.1.2　轴测图的分类与选择

1. 轴测图的分类

轴测图根据投射线方向与轴测投影面的不同位置,可分为正轴测图（见图 4-3）和斜轴测图（见图 4-4）两大类,每类按轴向伸缩系数又分为三种（共六种）,即正等轴测图、正二轴测图、正三轴测图、斜等轴测图、斜二轴测图和斜三轴测图。

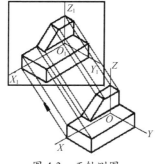

图 4-3　正轴测图

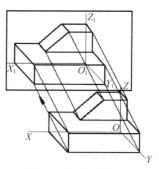

图 4-4　斜轴测图

由于轴测图是用平行投影法形成的，所以物体上相互平行的线在轴测图中也相互平行。根据直线间的平行性规律，凡是物体上与坐标轴平行的线段，在轴测图中也平行于相应的轴测轴，并且其轴向伸缩系数也与相应轴的轴向伸缩系数相同。这样，在画轴测图时，只要是与坐标轴平行的直线段，就可以在作图时沿着轴向进行作图和测量。

2. 轴测图的选择

在为表达机件立体感而选择和绘制轴测图时，一般考虑的原则为轴测图应自然逼真、图形清晰、立体感强、作图简便。

一般正轴测图比斜轴测图要自然逼真，其中正二轴测图比较符合人们观察物体所留的印象。

图形清晰、立体感强使轴测图能充分表示物体各部分的结构形状及其相对位置，没有过多的结构被遮盖，并且避免了物体上的面和棱线有积聚性或重叠的情况，这涉及根据物体的正投影和轴测投射方向选择轴测图种类的问题。

从度量方面来看，正等轴测图在三个轴测轴方向都能直接度量；正二轴测图和斜二轴测图只能在两个轴测轴方向直接度量，在另一个方向只有经过换算才能得到真实尺寸。

从作图简便要求方面来看，如果物体三个方向有圆时，则采用正等轴测图为宜；斜二轴测图有一个方向可以反映实形，因此，单方向形状复杂的物体可选用斜二轴测图；正二轴测图作图麻烦，但正二轴测图有较强的立体感，因此也常用。

图4-5为某机件的正等轴测图、正二轴测图、斜二轴测图。

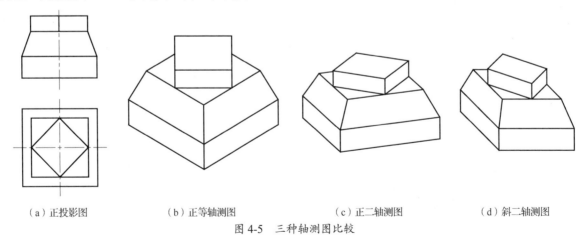

（a）正投影图　　　（b）正等轴测图　　　（c）正二轴测图　　　（d）斜二轴测图

图4-5　三种轴测图比较

4.2 正等轴测图

由于正等轴测图绘制十分方便,所以常用在实际工作中(本书中的许多图例多使用正等测画法)。

4.2.1 正等轴测图的形成

正等轴测图中的"正"表示采用正投影方法进行投影;"等"表示三个轴测轴的轴向伸缩系数均相等,即 $p=q=r$。

下面以一个正立方体形成正等轴测图的过程进行说明。

1. 正等侧投影与正等轴测图的形成

将正立方体放置于水平面上,并使正立方体的前面或后面平行于投影面,当光线垂直于投影面投影正立方体时,所得的投影是一个正方形,如图 4-6(a)所示。投影图形反映的是立方体的一个面,无法表达出立体感。

这时,若将正立方体绕轴测轴 O_1Z_1(或正立方体的竖直棱边)旋转 45°,然后用平行光进行投影,则所得的投影图形是两个相连的矩形,它反映的是正立方体中两个矩形面的投影结果,立体感也不强,如图 4-6(b)所示。

若再将正立方体绕平行于投影面的水平轴旋转,使对角线 O_1A 垂直于投影面,然后用平行光进行投影,则此时所得的投影视图就是正等轴测图,如图 4-6(c)所示。

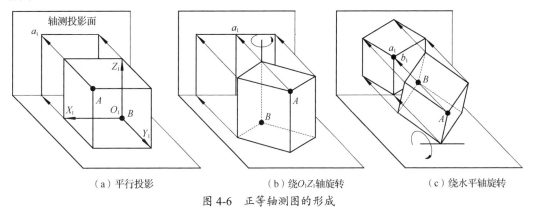

(a)平行投影　　　　(b)绕O_1Z_1轴旋转　　　　(c)绕水平轴旋转

图 4-6 正等轴测图的形成

2. 正等轴测图的轴间角和简化轴向伸缩系数

对正立方体上的直角坐标系进行轴测投影，得到轴测轴和轴间角。过 O_1 点的三条轴测轴分别为 O_1X_1、O_1Y_1、O_1Z_1，轴间角 $\angle X_1O_1Z_1$、$\angle X_1O_1Y_1$ 和 $\angle Y_1O_1Z_1$ 是相等的，都是 120°，如图 4-7 所示。

正等轴测图的各轴向伸缩系数是相等的，为 $p=q=r=0.82$。但是在实际作图时，通常采用简化的轴向伸缩系数，为 $p=q=r=1$。采用简化的轴向伸缩系数作图，可按机件的实际长度进行绘制而不必换算，因为按此方法绘制的轴测图即使被放大约 1.22 倍，也不会改变其形状。

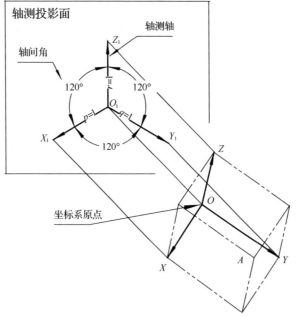

图 4-7　正等轴测图的轴测轴和轴间角

4.2.2　平面立体正等轴测图的画法

　　轴测图的绘制可归纳为平面立体和曲面立体的绘制。
　　绘制轴测图一般可采用坐标法、切割法和组合法。

- 坐标法：对于完整的立体，可先沿坐标轴方向测量，按坐标轴画出各顶点位置后连线绘图。
- 切割法：对于不完整的立体，可先画出完整形体的轴测图，再利用切割的方法画出不完整的部分。
- 组合法：对于复杂的形体，可将其分成若干基本形状，在相应位置上逐个画出后，再将各部分形体组合起来。

【实例解读】坐标法

参照图4-8（a）中的正六棱柱的主视图和俯视图，用坐标法绘制正六棱柱的正等轴测图。

作图方法与步骤如下。

（1）正六棱柱的左右前后均对称，选择顶面中心为坐标原点，并定出坐标轴，如图4-8（a）所示。

（2）画 O_1X_1、O_1Y_1 轴测轴，根据尺寸 S、D 沿 O_1X_1 和 O_1Y_1 确定Ⅰ、Ⅱ、Ⅲ和Ⅳ，如图4-8（b）所示。

（3）过点Ⅰ、Ⅱ作直线且平行 O_1X_1 轴，并在所作两直线上分别量取 $a/2$，连接各点，如图4-8（c）所示。

（4）过各顶点向下画侧棱边，取尺寸 h，如图4-8（d）所示。

（5）画底面各边，描深并加粗完成全图，如图4-8（e）所示。

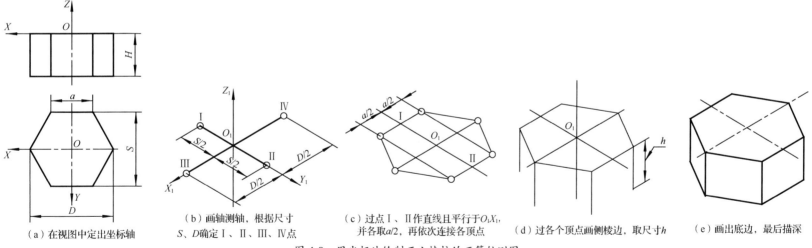

（a）在视图中定出坐标轴　（b）画轴测轴，根据尺寸 S、D确定Ⅰ、Ⅱ、Ⅲ、Ⅳ点　（c）过点Ⅰ、Ⅱ作直线且平行于O_1X_1，并各取$a/2$，再依次连接各点　（d）过各个顶点画侧棱边，取尺寸h　（e）画出底边，最后描深

图4-8　用坐标法绘制正六棱柱的正等轴测图

【实例解读】切割法

依据图 4-9（a）中的三视图，采用切割法画出垫块的正等轴测图。

作图方法与步骤如下。

（1）依据三视图中的长 a、宽 b 和高 h 画出完整的长方体，如图 4-9（b）所示。

（2）依据尺寸 d、c 和 g 切割出梯形台，如图 4-9（c）所示。

（3）接着依据尺寸 f 和 e 切割出长方体块，如图 4-9（d）所示。

（4）擦除辅助作图线，描深可见部分，即可得到垫块的正等轴测图，如图 4-9（e）所示。

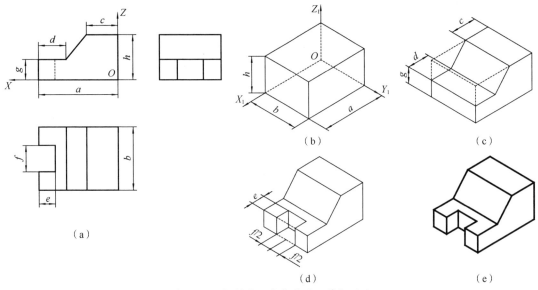

图 4-9　用切割法画出垫块的正等轴测图

【实例解读】叠加法

依据图 4-10（a）中的三视图，采用叠加法绘制压块的正等轴测图。

作图方法与步骤如下。

（1）采用形体分析法将压块分解为底板、靠板和肋板3部分。

（2）画出底板轴测图，如图4-10（b）所示。

（3）画出靠板轴测图，如图4-10（c）所示。

（4）画出肋板轴测图，如图4-10（d）所示。

（5）擦除辅助作图线，描深可见部分，即可得到压块的正等轴测图［见图4-10（e）］。

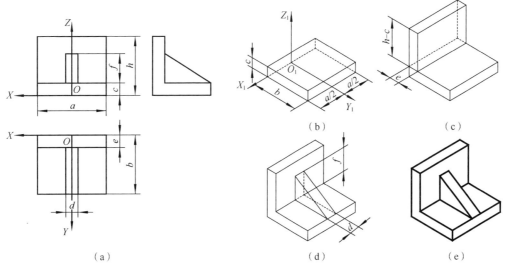

图4-10　用叠加法绘制压块的正等轴测图

4.2.3　曲面立体正等轴测图的画法

常见的曲面立体正等轴测图有圆柱轴测图、圆锥轴测图、圆球轴测图及圆环轴测图等。可见，这些曲面立体中都有圆和圆弧结构，而且这些圆多数又平行于某两个坐标轴所决定的坐标面。下面先了解一下平行于坐标面的圆的正等轴测图的画法。

1．圆的正等轴测图的画法

假设在正立方体的三个面上各有一个直径为 d 的内切圆，如图4-11所示。这三个圆都与轴测投影面倾斜相同的角度，因此各圆的正等测投影均为形状相同的椭圆，并且都内切于三个相同的菱形。

根据它们的几何关系，可以推断出各椭圆在轴测投影中的三个特点。

（1）椭圆长、短轴的方向（见图4-12）。

平行于 $X_1O_1Y_1$ 面的椭圆，其长轴垂直于 Z_1 轴；平行于 $X_1O_1Z_1$ 面的椭圆，其长轴垂直于 Y_1 轴；平行于 $Z_1O_1Y_1$ 面的椭圆，其长轴垂直于 X_1 轴。椭圆的长轴与短轴垂直。

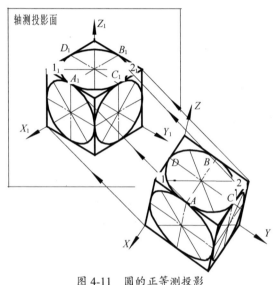

图4-11　圆的正等测投影

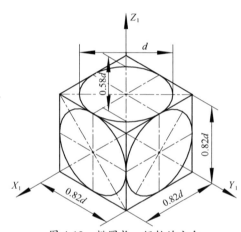

图4-12　椭圆长、短轴的方向

（2）椭圆长、短轴的大小。

椭圆的长轴是圆上平行于轴测投影面的那条直径的投影（见图4-11中的线段 1_12_1），其长度等于圆的直径 d。经几何计算，椭圆的短轴的长度等于 $0.58d$。

（3）一对共轭直径。

在正立方体各个面上的圆中分别平行于两个坐标轴的一对直径称为共轭直径，它们在轴测投影图中仍平行于轴测投影轴，长度为 $0.82d$（见图4-11中的线段 A_1B_1 和 C_1D_1）。在轴测图上，常把这两条直径作为画椭圆的定位线。因此在画椭圆时，要先画出它们。

在采用简化轴向伸缩系数画椭圆时,上述数据均增大为实际数据的 1.22 倍(见图 4-13)。

知道了椭圆长、短轴的方向和大小,就可以按如图 4-13 所示的方法画出椭圆了。但这种画法比较麻烦,一般常用"四心法"近似地画椭圆,具体作图方法如图 4-14 所示。

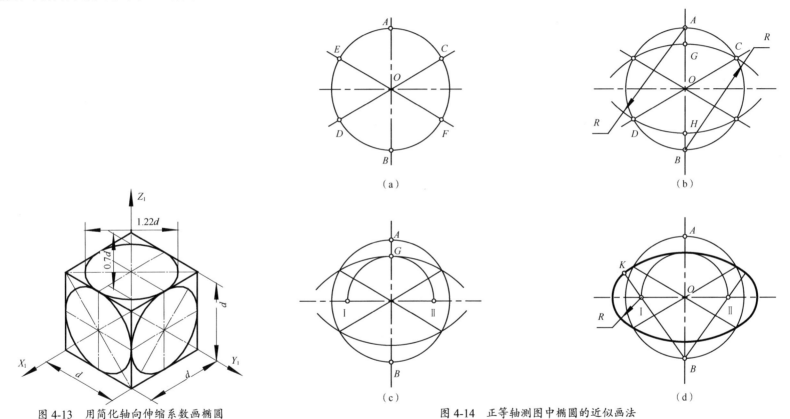

图 4-13 用简化轴向伸缩系数画椭圆

图 4-14 正等轴测图中椭圆的近似画法

图 4-15 是采用四心法绘制凸轮的正等轴测图的详细过程。其中,图 4-15(a)为定出坐标轴;图 4-15(b)为过各圆心画出轴测轴;图 4-15(c)为由前向后画出各圆;图 4-15(d)为描深可见轮廓线。

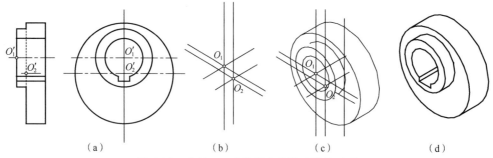

(a)　　　　　(b)　　　　　(c)　　　　　(d)

图 4-15　采用四心法绘制凸轮的正等轴测图

2. 圆柱、圆锥、圆球及圆环的正等轴测图的画法

圆柱、圆锥、圆球及圆环的正等轴测图的画法如表 4-1 所示（图中各例都按简化轴向伸缩系数画出）。

表 4-1　圆柱、圆锥、圆球及圆环的正等轴测图的画法

曲面立体类型	作 图 步 骤			
圆柱	已知圆柱直径 d 及高度 h	画出上、下两底面的轴测轴	画出顶圆、底圆	作圆柱两侧轮廓线
圆锥	已知圆锥的上、下底及高度	画出上、下两底的轴测轴	画出顶圆、底圆	作圆锥两侧轮廓线

续表

曲面立体类型	作 图 步 骤			
圆球	已知圆球直径 d 及截面高度 h	作球的轴测轴	以球直径的 1.22 倍画一圆	定截交线圆中心并画椭圆
圆环	已知环中心圆直径 d 及圆直径 d_1	画出中心圆轴测图	在中心圆上以 d_1 的 1.22 倍为直径画若干圆	画出各小圆的外包络线

3．圆角的正等轴测图的画法

在画轴测图时常会遇到圆角，对于底板上小圆角的正等轴测图，可按如图 4-16 所示的方法作图。只要圆角的两条直角边分别平行于坐标轴，就均可用圆角半径 R 为长度。在 H 角的两边线上截取切点，由切点分别向所在边线作垂线，两垂线的交点（A 和 B）即连接弧的圆心，以圆心至切点的距离为半径画弧，即得圆角的正等轴测图。图 4-16（c）是简便画法。

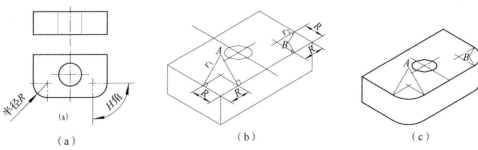

图 4-16　圆角的正等轴测图的画法

4.3 正二等轴测图

正二等轴测图简称正二测图，它与正等轴测图的形成和画法基本相同，只是轴向伸缩系数和轴间角不同。

4.3.1 正二等轴测图的轴向伸缩系数和轴间角

在正二等轴测投影中，三个轴测轴形成的轴间角有三个。其中，两个轴间角是相等的，为131°25′；另一个轴间角为97°10′，如图4-17（a）所示，其简化画法如图4-17（b）所示。

正二等轴测图中的轴向伸缩系数分别为$p=r=0.94$，$q=0.47$；简化表示为$p=r=1$，$q=0.5$。

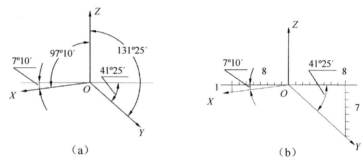

图4-17 正二等轴测图的轴测轴及其画法

4.3.2 圆的正二等轴测投影与画法

平行于坐标面的圆的正二等轴测投影均为椭圆。平行于不同坐标面的轴测椭圆的长、短轴的长度和方向变化如图4-18所示。

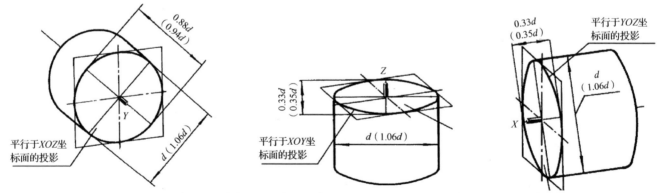

图4-18 平行于不同坐标面的轴测椭圆的长、短轴的长度和方向变化

第4章 绘制机件轴测图

【实例解读】

下面介绍一个圆在 XOY 坐标面上的正二等轴测投影及其画法。

作图方法与步骤如下。

（1）画轴测轴并定义长、短轴的方向，如图 4-19 所示。

（2）画圆（直径为 d），确定交点 E、F，如图 4-20 所示。

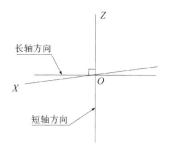

图 4-19 画轴测轴并定义长短轴方向

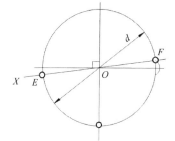

图 4-20 画圆确定交点

（3）以短轴与圆的交点 g 作为圆心，画出半径为 d/2 的半圆弧，再以半圆弧与短轴的交点 O_1 为圆心画出大圆弧（半径为 R），如图 4-21 所示。O_2 点在上方，画法相同，此处省略画法。

（4）同理，定义长轴上大圆弧的中心点 O_3 和 O_4，并画出小圆弧（半径为 r），最后整理并描深，完成椭圆的绘制，如图 4-22 所示。

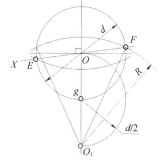

图 4-21 画大圆弧

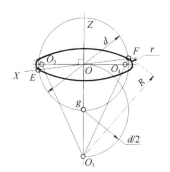

图 4-22 绘制完成的椭圆

【实例解读】

依据图 4-23 中的压块三视图，采用切割法画出压块的正二等轴测图。

作图方法与步骤如下。

（1）画出轴测轴，并画出能完全包容压块的长方体，如图 4-24 所示。

（2）依据主视图中压块的外形（尺寸未标注）画出靠板与缺角的形状，如图 4-25 所示。

（3）依据俯视图中压块的外形画出底板与缺口的形状，如图 4-26 所示。

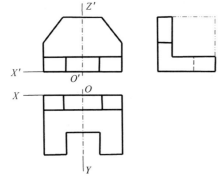

图 4-23　压块三视图

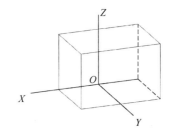

图 4-24　画出轴测轴与长方体

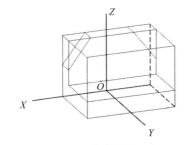

图 4-25　画出靠板与缺角

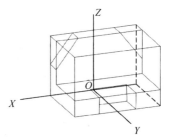

图 4-26　画出底板与缺口

（4）整理图形并描深轮廓线，完成压块的正二轴测图的绘制，如图 4-27 所示。

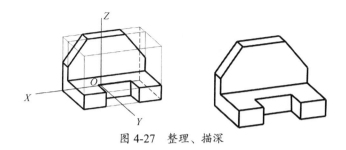

图 4-27 整理、描深

4.4 斜二等轴测图

如图 4-28 所示,物体上的两个坐标轴 OX 和 OZ 与轴测投影面平行,而投影方向与轴测投影面斜交不平行,此时得到的轴测图为斜二等轴测图,简称斜二测图。斜二测图能反映物体正面的实形,且画圆方便,适用于绘制正面有较多圆的零件。

斜二测图中的 XOZ 面平行于轴测投影面,凡平行于该坐标面的图形,其轴测投影均可反映物体的实形。例如,图 4-28 中的正立方体的斜二测图的前面仍是正方形,该面平行于轴测投影面。

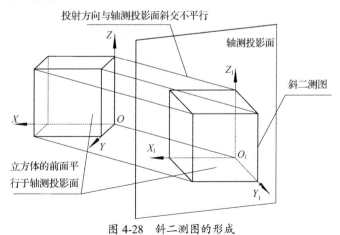

图 4-28 斜二测图的形成

如图 4-29 所示，斜二测图的轴间角 $\angle X_1O_1Z_1=90°$、$\angle X_1O_1Y_1=\angle Y_1O_1Z_1=135°$，$O_1Y_1$ 与水平的夹角为 45°，可用 45°三角板和丁字尺画出。轴测轴的轴向伸缩系数分别为 $p=1$、$q=0.5$、$r=1$。在绘制斜二测图时，沿轴测轴 O_1X_1 和 O_1Z_1 方向的尺寸，可按实际尺寸选取比例度量；沿 O_1Y_1 方向的尺寸，要缩短一半度量。

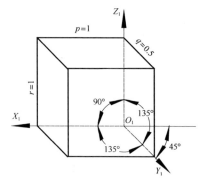

图 4-29　斜二测图的轴间角及轴向伸缩系数

4.4.1　圆的斜二测图

在圆的斜二测图中，平行于 $X_1O_1Z_1$ 的圆的投影为正圆，不平行于 $X_1O_1Z_1$ 的圆的投影为椭圆。如图 4-30（a）所示，该椭圆的长轴约为 d，短轴约为 $0.5d$；长轴与相应的轴测轴约成 7°10′ 相交，长轴与轴测轴不垂直。图 4-30（b）是上述椭圆的近似画法。

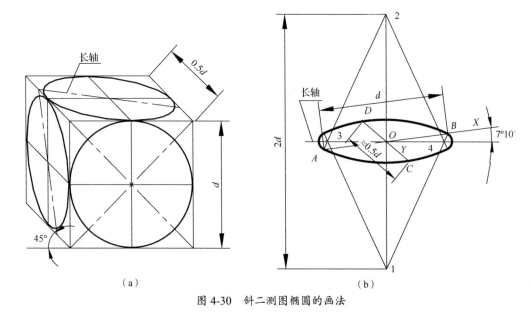

（a）　　　　　　　　　　（b）

图 4-30　斜二测图椭圆的画法

如图 4-31（a）所示，该椭圆的长轴约为 $1.06d$、短轴约为 $0.35d$，长轴与相应的轴测轴约成 7° 相交，图 4-31（b）～（d）是该椭圆的近似画法。

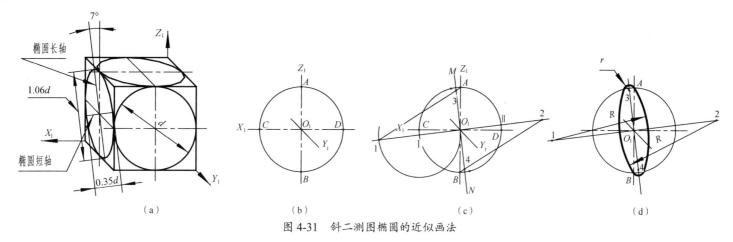

图 4-31 斜二测图椭圆的近似画法

斜二测图椭圆的近似画法的与步骤如下。

（1）如图 4-31（b）所示，过 O_1 点作轴测轴 O_1X_1、O_1Y_1 和 O_1Z_1，以 O_1 为圆心、d【见图 4-31（a）】为直径画一个圆，与 Z_1 轴、X_1 轴分别相交于 A、B、C、D 点。

（2）如图 4-31（c）所示，作直线 MN 与 AB 倾斜 7°，MN 就是椭圆的长轴方向，作直线 I II 垂直于 MN。在 I II 延长线上截取 I1=IO_1、II2=IIO_1，从而得 1、2 两点。连接 1A、2B 与 MN 相交，从而得 3、4 两点。

（3）如图 4-31（d）所示，分别以 1、2 为圆心，1A、2B 为半径作弧，然后分别以 3、4 为圆心，3A、4B 为半径作弧，即得椭圆。

4.4.2 机件的斜二测图画法

机件的结构与形状大多由圆、圆弧及直线段构成，圆的斜二测图画法前面介绍过了，下面以支撑座零件为例，介绍直线段在斜二测图中的表达与画法。

【实例解读】

支撑座零件及其三视图如图 4-32 所示。

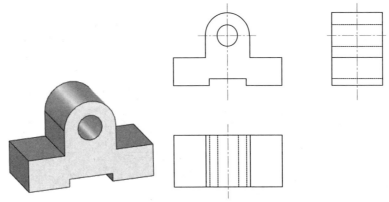

图 4-32 支撑座零件及其三视图

作图方法与步骤如下。

（1）在三视图中确定原点 O_1、O_2 和坐标轴 X、Y、Z 的位置。

（2）用 45°三角板画出 O_1X_1、O_1Y_1、O_1Z_1 斜二轴测轴，如图 4-33 所示。

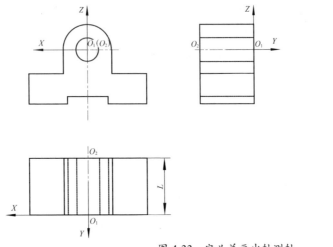

图 4-33 定义并画出轴测轴

(3) 在斜二测轴测轴中画出主视图图形,如图 4-34 所示。

(4) 在 Y_1 轴上沿圆心 O_1 向后移 $L/2$ 的距离,确定点 O_2 的位置,以点 O_2 为圆心画后面的圆及其他部分,然后作半圆柱前、后圆弧的公切线,如图 4-35 所示。

(5) 最后擦除辅助作图线,描深支撑座轮廓线,完成斜二测图的绘制,如图 4-36 所示。

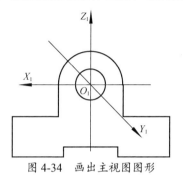
图 4-34 画出主视图图形

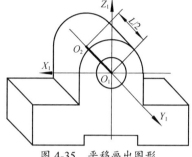
图 4-35 平移画出图形

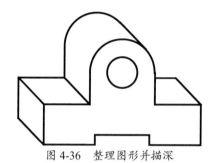
图 4-36 整理图形并描深

【实例解读】

画支撑座的斜二测图:作图方法与步骤下。

(1) 在三视图中确定原点 O、O_1 和坐标轴 X、Y、Z 的位置,如图 4-37(a)所示。

(2) 用 45°三角板画出 OX_1、OY_1、OZ_1 斜二测轴测轴,如图 4-37(b)所示。

(3) 在斜二测轴测轴中画出主视图图形(无须画出斜线),如图 4-37(c)所示。

(4) 在 Y_1 轴上沿圆心 O 向后移 $L/2$ 的距离,确定点 O_1 的位置,画出后面部分图形,再用线段连接前后图形,如图 4-37(d)所示。

(5) 依据左视图中的肋板外形和主视图中表达肋板外形的斜线,画出斜二测图中的肋板,如图 4-37(e)所示。

(6) 最后擦除辅助作图线,描深支撑座轮廓线,完成支撑座斜二测图的绘制,如图 4-37(f)所示。

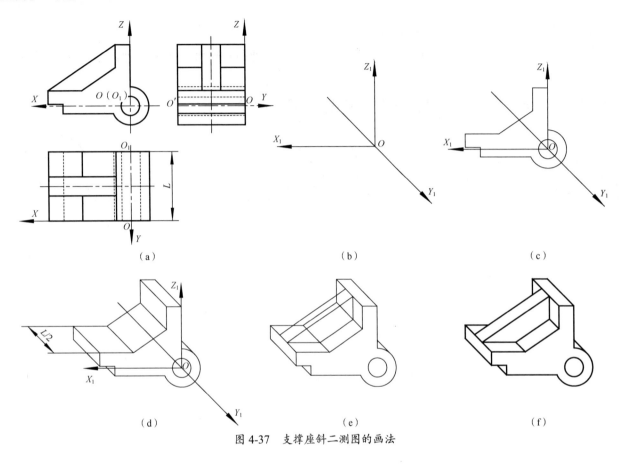

图 4-37 支撑座斜二测图的画法

4.5 练习题

（1）按尺寸抄画正等轴测图，如图 4-38 所示。

（2）根据主视图和俯视图，按尺寸用简化的轴向伸缩系数画正等轴测图，如图 4-39 所示。

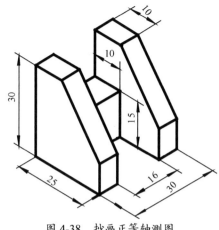

图 4-38 抄画正等轴测图

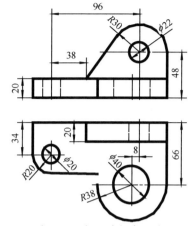

图 4-39 主视图和俯视图

(3)按尺寸抄画斜二测图,如图 4-40 所示。

(4)根据零件视图,按尺寸用简化的轴向伸缩系数画斜二测图,如图 4-41 所示。

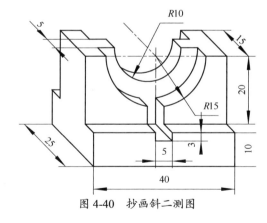

图 4-40 抄画斜二测图

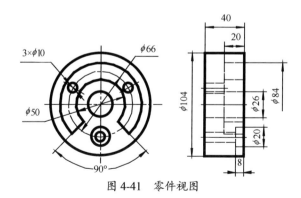

图 4-41 零件视图

(5)按尺寸抄画正二等轴测图,如图 4-42 所示。

（6）根据零件视图，按尺寸用简化的轴向伸缩系数画正二等轴测图，如图 4-43 所示。

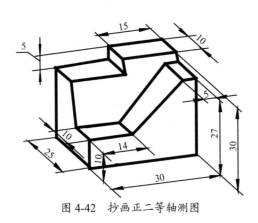

图 4-42 抄画正二等轴测图

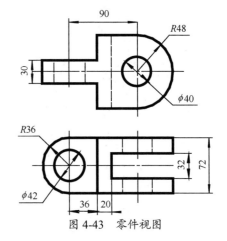

图 4-43 零件视图

第 5 章

识读零件图

本章重点

（1）零件视图的选择及典型零件视图分析、零件的工艺结构及其画法、零件的尺寸标注。
（2）零件图的一般技术要求。
（3）常见零件图的识读。
（4）零件图的基本绘制方法。

学习目的

（1）了解零件图的作用和内容。
（2）了解零件图的尺寸标注和尺寸基准，能正确选择尺寸基准。
（3）了解零件技术要求的作用和种类；理解技术要求代号的表达含义；能正确标注；会查阅极限偏差表。
（4）掌握绘制和识读零件图的方法与步骤，能绘制和识读一般的零件图。

5.1 零件图的作用与内容

机器由部件组合而成，部件由零件装配而成。将用于指导加工和检验零件，表示零件结构、大小及技术要求的图样称为零件图。例如，柱塞泵（见图5-1）是由泵体、柱塞、垫圈、螺栓、阀盖、螺母和阀体等零件组合装配而成的。

5.1.1 零件图的作用

作为生产基本技术文件的零件图，引导提供生产零件所需的全部技术资料。例如，制造图5-1中柱塞泵的柱塞，应根据它在零件图上注明的材料、尺寸和数量等要求进行备料与加工；根据图样上表示的各部分形状、大小和技术要求，制定合理的加工工艺和检验手段。

因此，正确绘制和识读零件图是生产顺利进行的基本保证。

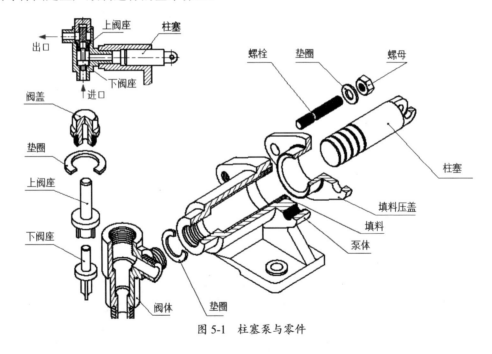

图 5-1 柱塞泵与零件

5.1.2 零件图的内容

一张完整的零件图应包括下列基本内容。
- 一组图形：用视图、剖视、断面及其他规定画法来正确、完整、清晰地表达零件的各部分形状和结构。
- 尺寸：正确、完整、清晰、合理地标注零件的全部尺寸。
- 技术要求：用符号或文字来说明零件在制造、检验等过程中应达到的一些技术要求，如表面粗糙度、尺寸公差、形状和位置公差、热处理要求等。技术要求的文字一般注写在标题栏上方图纸空白处。
- 标题栏：位于图纸的右下角，应填写零件的名称、材料、数量和图的比例，以及制图、描图、审核人的签字等各项内容。

完整的轴的零件图如图 5-2 所示。

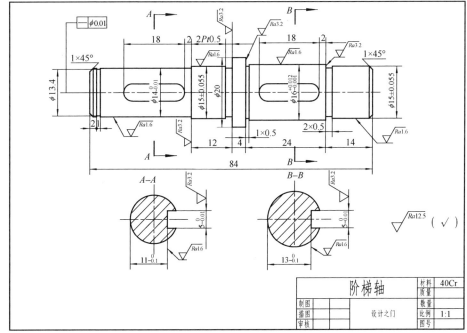

图 5-2 完整的轴的零件图

5.2 零件图的尺寸标注

零件图中的尺寸是加工、检验零件的依据，是零件图的重要内容之一。在零件图上标注尺寸，要求做到正确、完整、清晰、合理。其中，正确、完整、清晰的要求已在组合体的尺寸标注中进行了阐述；合理是指标注的尺寸能满足设计和加工的要求，既要符合零件在工作时的要求，又要便于加工、测量和检验。尺寸的合理标注只有在掌握了一定的专业知识和进行了一定的生产实践的基础上才能较全面地掌握，这里只介绍一些合理标注尺寸的基础知识。

5.2.1 零件图的尺寸组成

零件图尺寸主要由定位尺寸、定形尺寸和总体尺寸组成。

1. 定位尺寸

定位尺寸，即确定零件中各基本体之间相对位置的尺寸。定位尺寸标注如图5-3所示。

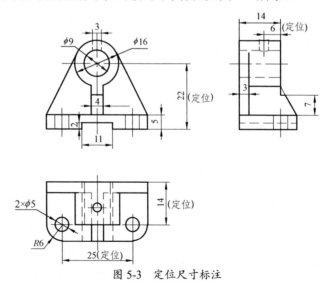

图5-3　定位尺寸标注

2．定形尺寸

定形尺寸，即确定零件中各基本体的形状和大小的尺寸。定形尺寸标注如图5-4所示。

3．总体尺寸

总体尺寸，即表示零件在长、宽、高三个方向上的总的尺寸。在图5-5中，尺寸35和尺寸20既是轴承座零件的底座总长与总宽尺寸，又是轴承座零件的总尺寸。轴承座零件的总高度为尺寸22与 $\phi16$ 圆的半径值之和，这里不可直接标出。

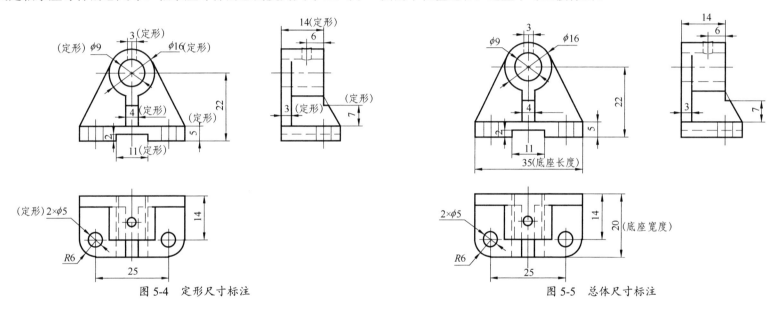

图5-4　定形尺寸标注　　　　　　　　　　图5-5　总体尺寸标注

5.2.2　正确选择尺寸基准

要想合理地标注尺寸，就要选择恰当的尺寸基准。尺寸基准的选择一般从以下几方面考虑。

1．零件上重要的加工平面

零件上重要的加工平面有安装底面、主要端面、零件与零件之间的结合面等。

2. 零件的对称面

当零件的结构形状在某个方向对称时，常以它的对称面为基准，这样在制造时容易保证各部分的对称关系。

3. 主要轴线作为尺寸基准

轴、套及轮盘等回转体零件的直径尺寸都是以轴线为基准的。

每个零件都有长、宽、高三个方向的尺寸基准，每个方向只设一个主要尺寸基准。为了方便加工和测量，还常常设有一些辅助基准。

图 5-6 为台阶轴的尺寸标注，因为轴是回转体，所以径向应以轴线为尺寸基准；长度方向一般以轴的左、右端面或轴肩为尺寸基准，以便在加工过程中进行测量。但是有些尺寸根据设计要求必须单独注出。例如，$\phi 16$ 轴径的长度 24 是从轴肩开始标注的，即轴肩成了长度方向的辅助基准。

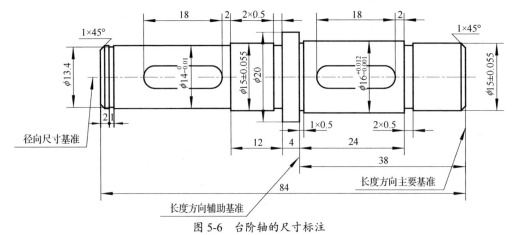

图 5-6 台阶轴的尺寸标注

5.2.3 尺寸标注的基本原则

1. 要考虑设计要求

凡属于设计中的重要尺寸，一定要单独标注出来。设计中的重要尺寸一般指下列几种尺寸。

（1）影响机器传动精度的尺寸，如齿轮的轴间距。

(2）直接影响机器性能的尺寸，如车床的主轴中心高。

(3）保证零件互换性的尺寸，如导轨的宽度尺寸、轴与孔的配合尺寸等。

(4）决定零件安装位置的尺寸，如螺栓孔的中心距和螺孔分布圆的圆周直径等。

2．要符合加工顺序并便于测量

在标注尺寸时，应考虑使它们符合加工顺序并便于测量。

3．应根据加工顺序进行标注

表 5-1 列出了台阶轴在车床上的加工顺序，每个轴向尺寸基本上都是按加工顺序标注的。由于该台阶轴在车床上要进行一次调头加工，所以轴向尺寸是以两个端面为基准来标注的，这样便于在加工过程中看图和测量。

表 5-1 台阶轴在车床上的加工顺序

序 号	图 例	序 号	图 例
1		4	
2		5	
3		6	

4. 标注尺寸应利于测量

尽量做到使用普通量具就能完成测量，以减少专用量具的设计和制造。台阶孔的尺寸标注如图 5-7 所示，其中，图 5-7（b）是不正确的尺寸标注，图中的尺寸 14 无法用一般量具直接测量。

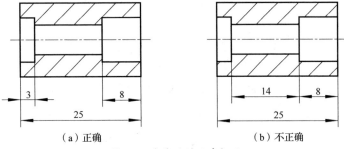

（a）正确　　　　　　　　　（b）不正确

图 5-7　台阶孔的尺寸标注

5. 避免出现封闭的尺寸链

在图 5-8（b）中，尺寸 a、b、c 互相衔接，构成了一个封闭的尺寸链，应避免这种情形的出现。当几个尺寸构成一个封闭的尺寸链时，应在尺寸链中选择一个最次要的尺寸空出不标注，如图 5-8（b）中的尺寸 c［正确的标注方法如图 5-8（a）所示］。这样，其他尺寸的公差就可以根据实际需要适当减小。其他尺寸的加工误差可全部积累在这个不影响使用要求的尺寸上。

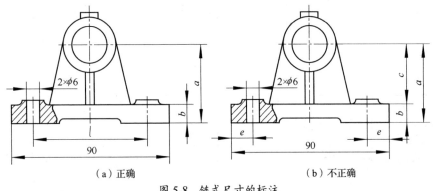

（a）正确　　　　　　　　　（b）不正确

图 5-8　链式尺寸的标注

5.2.4 零件图的尺寸标注范例

零件图中的尺寸标注是一件非常严格而又细致的工作，任何细小的疏忽和错漏都可能在生产上造成不良后果。因此，对于零件图的尺寸标注，必须做到认真、细致，要求做到正确、完整、清晰与合理。

图5-9为轴承座零件的立体图。轴承座的主要作用是在机构中支撑轴类零件。轴承座的主体结构包括圆筒、支撑板、肋板和底板等。

在轴承座的局部结构中，顶部有凸台，其上有螺孔；底板上有两个凸台，其上有光孔。螺孔的作用是安装油杯加油润滑；光孔的作用是穿螺栓，以与机座固定。

标注零件图尺寸的方法是形体分析法，即根据形体分析，将零件分解成若干基本形体，标注它们的定位尺寸，再将每个基本体按形体进行分析，逐个标注它们的定形尺寸。轴承座零件的三视图如图5-10所示。

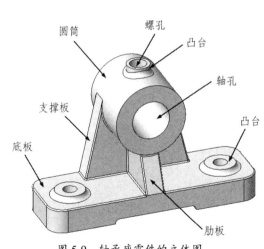

图5-9 轴承座零件的立体图

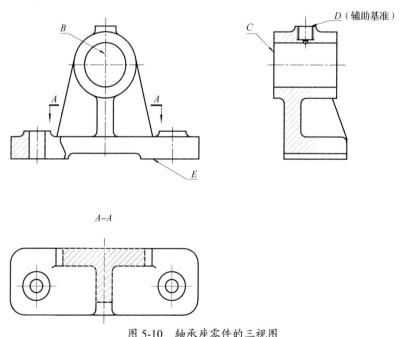

图5-10 轴承座零件的三视图

轴座零件的尺寸标注的具体步骤如下。

1. 选定尺寸基准

轴承座长、宽、高三个方向的主要尺寸基准分别选对称平面 B、圆筒后端面 C、安装底面 E，如图 5-10 所示。因为一根轴通常要用两个轴承座来支撑，所以两者的轴孔应在同一轴线上。两个轴承座都以底面与机座贴合，确定高度方向位置；以对称平面 B 确定左右位置，以及底板上两个光孔的孔中心距及其相对于轴孔的对称关系；以圆筒的后端面来确定肋板、底板的前后位置。

2. 标注各基本体的定位尺寸

（1）底板的定位尺寸分析与标注。

底板的底面和对称平面分别为高度、长度方向的尺寸基准，因此，底板的高度、长度定位尺寸无须标注，底板的前后位置必须由宽度基准 C 来确定，如标注定位尺寸 5（见图 5-11 中的左视图）；对于底板上的两个圆柱凸台及光孔，应标注左右定位尺寸 65 和前后定位尺寸 17（见图 5-11 中的主视图和俯视图）。

（2）圆筒的定位尺寸分析与标注。

圆筒的左右对称轴线为长度方向的尺寸基准，后端面为宽度方向的尺寸基准，因此，圆筒的定位尺寸只需标注出中心轴线距高度基准 E 的高度定位尺寸 42.5 即可；对于圆筒上的圆柱凸台，由于它在圆筒的正上方，左右位置与圆筒对称，所以只需标注前后定位尺寸 15（见图 5-11 中的左视图）即可。

（3）支撑板定位尺寸分析。

支撑板在零件中左右对称，位于底板之上，后端面与底板后端面共面，因此无须再标注定位尺寸。

（4）肋板定位尺寸分析。

肋板在零件中左右对称，位于底板之上，后端面与支撑板贴合，因此无须再标注定位尺寸。

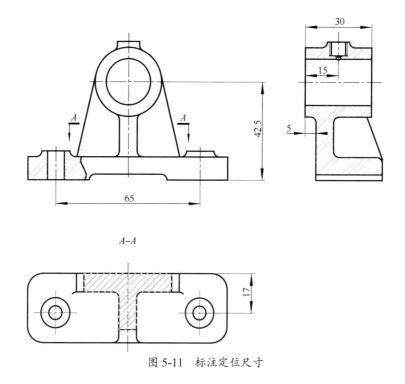

图 5-11　标注定位尺寸

3．标注各基本体的定形尺寸

（1）标注底板。

如图 5-12 所示，标注出底板的长度 90、宽度 30、高度 10、圆角半径 R7、凹槽长度 35、凹槽深度 7.5、凸台直径 ϕ13、两圆柱光孔 2×ϕ7.5 等尺寸。

（2）标注圆筒。

如图 5-12 所示，标注圆筒的外径 ϕ30、圆筒轴线方向的长度 30、圆筒轴孔的直径 $\phi 20_{0}^{0.027}$ 的尺寸；为了方便测量螺纹孔的尺寸，选择凸台顶面 D 作为高度方向的辅助基准（见图 5-10），由底面到顶面标注出零件的总高尺寸 60，由此确定凸台的高度尺寸，再注出凸台直径尺寸 ϕ10、螺孔规格尺寸 M8×0.75-6H 及螺孔深度尺寸 6。

（3）标注支撑板。

根据支撑板的形状和各部分的位置关系及表面关系，只需标注出长度尺寸46、厚度尺寸8即可，如图5-12所示。

（4）标注肋板。

肋板的定形尺寸只需标注厚度尺寸8和顶部宽度尺寸15即可，肋板底部宽度尺寸由底板宽度尺寸30减去立板厚度尺寸8确定，不再重复标注，肋板两侧面与圆筒的截交线由作图决定，不应标注高度尺寸。

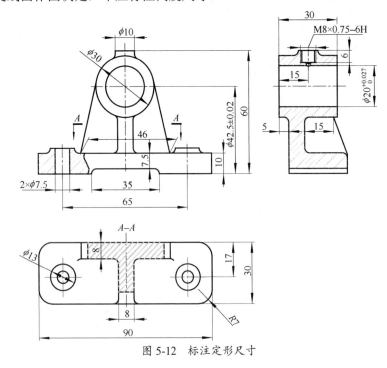

图5-12 标注定形尺寸

4．检查、调整

最后，对已标注的尺寸按正确、完整、清晰与合理的要求进行检查。若有不妥，则进行适当的调整或修改，最终完成的轴承座零件图的尺寸标注如图5-12所示。

5.3 零件图的技术要求

机械图样上的技术要求是零件在设计、加工和使用过程中应达到的技术性指标，主要包括表面结构、极限与配合、形状和位置公差，以及其他有关制造的要求等。上述要求应按照国标规定的代（符）号或用文字正确地注译出来。图 5-13 为端盖零件图技术要求的注写示例。

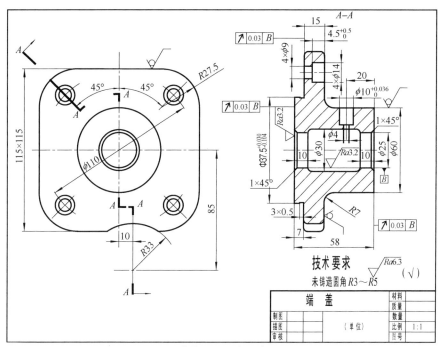

图 5-13　端盖零件图技术要求的注写示例

5.3.1　表面结构的表示方法

1. 表面结构的概念

表面结构要求是对表面粗糙度、表面波纹度、表面缺陷、表面纹理和表面几何形状要求的总称，表面结构的各项要求在图样中的表示法在 GB/T 131—2006 中均有规定。

表面粗糙度是表面结构要求中最常用的一种。零件表面经过加工，看起来很光滑，经放大观察却凹凸不平（见图 5-14）。实际表面的轮廓是由粗糙度参数（R 轮廓）、波纹度参数（W 轮廓）和原始轮廓参数（P 轮廓）构成的。各种轮廓具有的特性都与零件的表面功能密切相关。

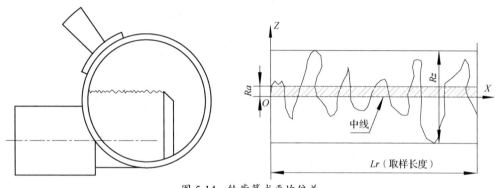

图 5-14 轮廓算术平均偏差

（1）粗糙度轮廓。

粗糙度轮廓是指加工后的零件表面轮廓中具有较小间距和谷峰的那部分，它具有的微观几何特性称为表面粗糙度。粗糙度轮廓一般是由采取的加工方法或其他因素形成的。

（2）波纹度轮廓。

波纹度轮廓是表面轮廓中不平度的间距比粗糙度轮廓大得多的那部分，将由间距较大的、随机的或接近周期形式的成分构成的表面不平度称为表面波纹度。波纹度轮廓一般是在工件表面加工时由意外因素引起的。

（3）原始轮廓。

原始轮廓是忽略了粗糙度轮廓和波纹度轮廓后的总的轮廓，具有宏观几何形状特征。原始轮廓一般是由机床、夹具等本身具有的形状误差引起的。

零件的表面结构特征是粗糙度轮廓、波纹度轮廓和原始轮廓特性的统称。它是由通过不同的测量与计算方法得出的一系列参数来进行表征的，是评定零件表面质量和保证其表面功能的重要技术指标。

2. 表面结构的参数

（1）评定表面结构的参数。

国标中规定了评定表面结构的三组参数，分别如下。

- 轮廓参数（GB/T 3505—2000）：包括粗糙度轮廓参数、波纹度轮廓参数和原始轮廓参数。
- 图形参数（GB/T 18618—2002）：包括粗糙度图形和波纹度图形。
- 支承率曲线参数（GB/T 18778.2—2003 和 GB/T 18778.3—2006 等）：此处主要介绍常用的评定粗糙度轮廓的主要参数，包括轮廓算术平均偏差（Ra）和轮廓的最大高度（Rz）。

（2）轮廓算术平均偏差（Ra）。

Ra 指在一个取样长度内，纵坐标值 $Z(X)$ 绝对值的算术平均值。

（3）轮廓的最大高度（Rz）。

Rz 指在一个取样长度内，最大轮廓峰高和最大轮廓谷深之和。

3. 表面结构参数值的选用

表面结构参数值要根据零件表面不同功能的要求分别选用。其中 Ra 几乎是所有表面必须选择的评定参数，其值越小，表明零件被加工表面越光滑。因此，在满足零件使用的前提下，应合理选用 Ra 值。表 5-2 和表 5-3 列出了不同 Ra 值对应的表面特征及其加工方法。

表 5-2 常用切削加工的 Ra 值的表面特征

Ra/μm	表面特征	加工方法		应用举例
50	明显可见刀痕	粗加工面	粗车、粗刨、粗铣、钻孔等	一般很少应用
25	可见刀痕			钻孔表面、倒角、端面、穿螺栓用的光孔、沉孔、要求较低的非接触面
12.5	微见刀痕			
6.3	可见加工痕迹	半精加工面	精车、精刨、精铣、精镗、铰孔、刮研、粗磨等	要求较低的静止接触面，如肩轴、螺栓头的支撑面、一般盖板的结合面；要求较高的非接触面，如支架、箱体、离合器、带轮、凸轮的非接触面
3.2	微见加工痕迹			要求紧贴的静止结合面和有较低配合要求的内孔表面，如支架、箱体的结合面等
1.6	看不见加工痕迹			一般转速的轴孔，低速转动的轴颈；一般配合的内孔，如衬套的压入孔；一般箱体的滚动轴承孔；齿轮的齿廓表面，如轴与齿轮、带轮的配合表面等

续表

Ra/μm	表面特征	加工方法		应用举例
0.8	可见加工痕迹的方向	精加工面	精磨、精铰、抛光、研磨、金刚石车刀精车、精拉等	一般转速的轴颈；定位销、孔的配合面；要求保证较高定心及配合的表面；一般精度的刻度盘；需镀铬抛光的表面
0.4	微辩加工痕迹的方向			要求保证规定的配合特征的表面，如滑动导轨面、高速工作的滑动轴承；凸轮的工作表面
0.2	不可辩加工痕迹的方向			精密机床的主轴锥孔；活塞销和活塞孔；要求气密的表面和支撑面
0.1	暗光泽面	光加工面	细磨、抛光、研磨	保证精确定位的锥面
0.05	亮光泽面			
0.025	镜状光泽面			精密仪器摩擦面；量具工作面；保证高度气密的结合面；量具的测量面；光学仪器的金属镜面
0.012	雾状镜面			

表 5-3 *Ra* 值及相应的加工方法

加工方法	Ra的数值（第一系列）/μm													
	0.012	0.025	0.050	0.10	0.20	0.40	0.80	1.60	3.2	6.3	12.5	25	50	100
砂模铸造												■	■	■
压力铸造								■	■	■				
刨削								■	■	■	■			
镗孔							■	■	■	■				
铰孔				■	■	■	■	■						
铰铣						■	■	■	■					
端铣						■	■	■	■	■				
车外圆					■	■	■	■	■	■				
车端面						■	■	■	■	■				
磨外圆			■	■	■	■	■							
磨端面			■	■	■	■	■							
研磨抛光	■	■	■	■	■	■								

4. 表面结构的图形符号、代号及在图样上的标注方法

国标《产品几何技术规范（GPS）技术产品文件中表面结构的表示法》（GB/T 131—2006）规定了表面结构的图形符号、代号及在图样上的标注方法。

（1）表面结构的图形符号。

表面结构的图形符号及其含义如表 5-4 所示。

表 5-4 表面结构的图形符号及其含义

符　号	意义及说明
 ∨	基本图形符号，对表面结构有要求的图形符号，简称基本符号。没有补充说明时不能单独使用
 ∀	扩展图形符号，在基本符号上加一短横，表示指定表面是用去除材料的方法获得的
 ∀○	扩展图形符号，在基本符号上加一小圆，表示指定表面是用不去除材料的方法获得的
 ∨— ∀— ∀○—	完整图形符号，当要求标注表面结构特征的补充信息时，在上述三个图形符号的长边上加一横线
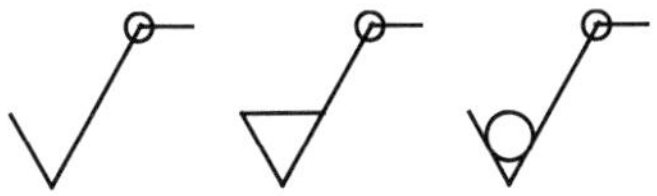 ∨○ ∀○ ∀○○	在某个视图上，当构成封闭轮廓的各表面有相同的表面结构要求时，应在完整图形符号上加一小圆，标注在图样中工件的封闭轮廓线上

（2）表面结构完整图形符号的组成。

为了明确表面结构的要求，除了标注表面结构参数和数值，必要时还应标注补充要求，补充要求包括传送带、取样长度、加工工艺、表面纹理及方向、加工余量等。在完整图形符号中，对表面结构的单一要求和补充要求应注写在如图 5-15 所示的指定位置上。

（3）参数极限值的判断与标注规则。

- 参数的单向极限：当只标注参数代号和一个参数值时，默认为参数的上限值。当为参数的单向下限值时，应在参数代号前加注 L，如 L Ra3.2。
- 参数的双向极限：在完整图形符号中表示双向极限时，应标注极限代号。上限值在上方，应在参数代号前加注 U；下限值在下方，应在参数代号前加注 L。如果同一参数有双向极限要求,则在不致引起歧义的情况下可不加注 U、L。上、下极限值可采用不同的参数代号来表达。

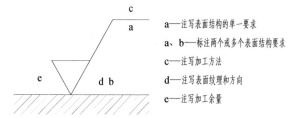

a——注写表面结构的单一要求
a、b——标注两个或多个表面结构要求
c——注写加工方法
d——注写表面纹理和方向
e——注写加工余量

图 5-15　表面结构的单一要求和补充要求在完整图形符号中的注写位置

表 5-5 和表 5-6 是部分采用默认定义时的表面结构代号及其意义。

表 5-5　Ra 值的注写及意义

代　号	意　义	代　号	意　义
√$Ra3.2$	用任何方法获得的表面粗糙度,Ra 的上限值为 3.2μm	√$Ra3.2$	用不去除材料方法获得的表面粗糙度,Ra 的上限值为 3.2μm
√$Ra3.2$	用去除材料方法获得的表面粗糙度,Ra 的上限值为 3.2μm	√U $Ra3.2$ 　L $Ra1.6$	用去除材料方法获得的表面粗糙度,Ra 的上限值为 3.2μm,下限值为 1.6μm

表 5-6　Rz 值的注写及意义

代　号	意　义	代　号	意　义
√$Rz3.2$	用任何方法获得的表面粗糙度,Rz 的上限值为 3.2μm	√$Rz3.2$	用不去除材料方法获得的表面粗糙度,Rz 的上限值为 3.2μm
√$Ra3.2$ 　$Rz1.6$	用去除材料方法获得的表面粗糙度,Ra 的上限值为 3.2μm、Rz 的下限值为 1.6μm	√$Ra\mathrm{max}3.2$ 　$Rz\mathrm{min}1.6$	用去除材料方法获得的表面粗糙度,Ra 的上限值为 3.2μm、Rz 的下限值为 1.6μm

5. 表面结构要求在图样中的注法

国标 GB/T 131—2006 规定了表面结构要求在图样中的注法,如表 5-7 所示。

第5章 识读零件图

表 5-7 表面结构要求在图样中的注法

标注方法	说 明	标注方法	说 明
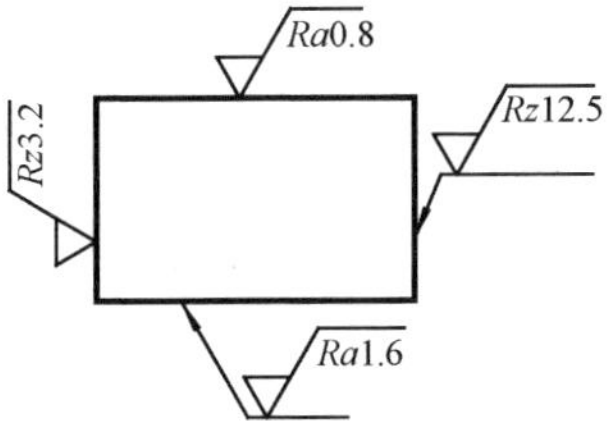 (图示:矩形标注 Ra0.8、Rz12.5、Rz3.2、Ra1.6)	表面结构的注写和读取方向与尺寸的注写和读取方向一致	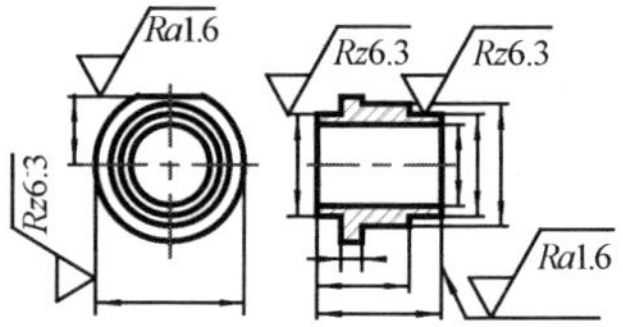 (图示:圆形零件 Ra1.6、Rz6.3、Rz6.3、Rz6.3、Ra1.6)	表面结构要求对每个表面一般只标注一次
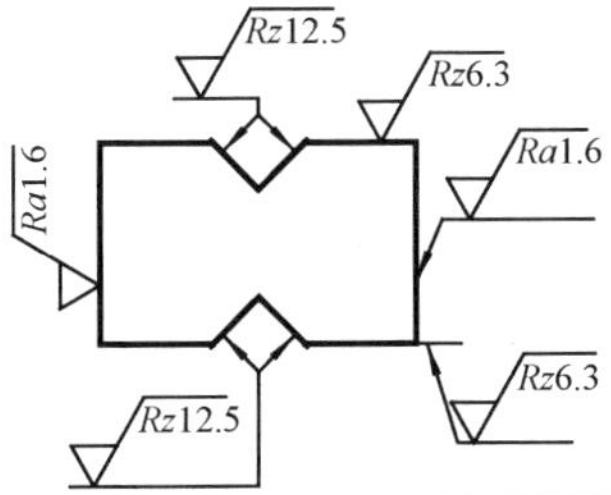 (图示:带指引线标注 Rz12.5、Rz6.3、Ra1.6、Ra1.6、Rz12.5、Rz6.3)	必要时,表面结构符号可用带箭头或黑点的指引线引出标注	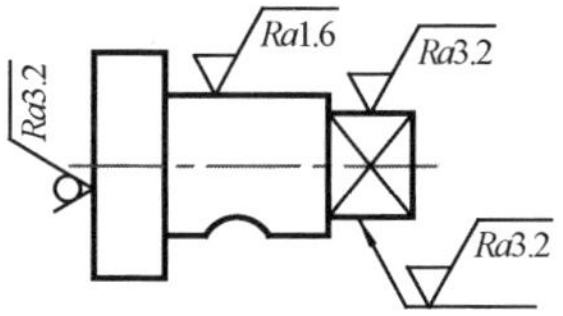 (图示:棱柱零件 Ra3.2、Ra1.6、Ra3.2、Ra3.2)	棱柱表面的表面结构要求只标注一次,如果每个棱柱表面有不同的表面结构要求,则应分别单独标注
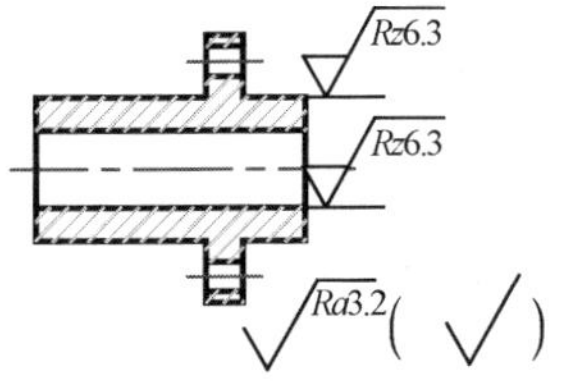 (a) 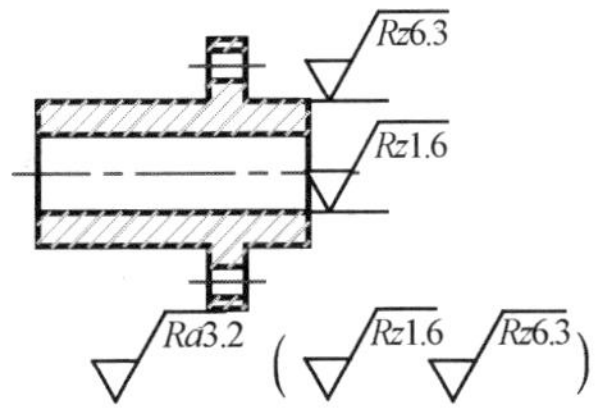 图示 Rz6.3、Rz6.3、Ra3.2 (√) (b) 图示 Rz6.3、Ra1.6、Ra3.2 (√ Rz1.6 Rz6.3)	如果在工件的多数(包括全部)表面有相同的表面结构要求,则其表面结构要求可统一标注在图样的标题栏附近。此时(除全部表面有相同要求的情况外),表面结构要求的符号后面应有: ① 在圆括号内给出无任何其他标注的基本符号[见图(a)]; ② 在圆括号内给出不同的表面结构要求[见图(b)] 不同的表面结构要求直接标注在图形中	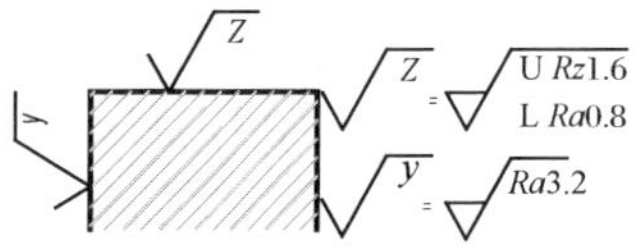 (图示:简化标注 U Rz1.6 L Ra0.8、y、z、Ra3.2)	当多个表面具有相同的表面结构要求或图纸空间有限时,可以采用简化注法。用带字母的完整图形符号,以等式的形式,在图形或标题栏附近对有相同表面结构要求的表面进行简化标注
		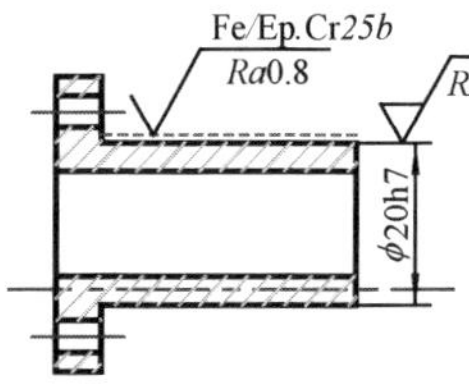 (图示:Fe/Ep.Cr25b Ra0.8、Rz1.6、φ20h7)	由几种不同的工艺方法获得的同一表面,当需要明确每种工艺方法的表面结构要求时的标注方法

续表

标注方法	说　明	标注方法	说　明
∜=∛Ra3.2 ∜=∛Ra3.2 ∜=∛Ra3.2	可以用表面结构符号，以等式的形式给出多个表面共同的表面结构要求	—	—

5.3.2　极限与配合

1．互换性

零件在加工过程中，由于机床精度、测量等诸多原因，加工的零件的尺寸不可能绝对准确，总会产生一些误差。在加工好的同一批零件中任取一件，此零件不经修配就能立即被装到机器上，并能保证使用要求，这种性质叫互换性。在现代化的大量成批生产中，要求互相装配的零件或部件都要符合互换性原则，这样既能满足各生产部门广泛的协作要求，又能进行高效率的专业化生产。

2．术语及定义

（1）尺寸公差的术语和定义，如图 5-16 所示。

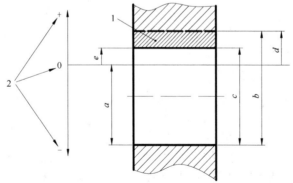

图 5-16　尺寸公差的术语和定义

- 1——公差带：代表上、下极限偏差的两条直线限定的区域。

- 2——偏差符号约定。
- *a*——公称尺寸：在设计零件时通过计算确定的尺寸。
- *b*——上极限尺寸：在制造零件时允许的上极限尺寸。
- *c*——下极限尺寸：在制造零件时允许的下极限尺寸。
- *d*——上极限偏差：上极限尺寸减其公称尺寸所得的代数差。
- *e*——下极限偏差：下极限尺寸减其公称尺寸所得的代数差。

注意：在图 5-16 中，限制公差带的水平实线代表孔的基本偏差，限制公差带的虚线代表孔的另一个极限偏差。另外，上极限偏差和下极限偏差统称为极限偏差，是零件在加工后实际测量得到的尺寸减其公称尺寸所得的代数差。

- *f*——公差：零件允许的变动量。

公差=上极限尺寸-下极限尺寸=上极限偏差-下极限偏差

（2）标准公差、基本偏差和公差带代号。

- 标准公差：在公差标准中所列的用以确定公差带大小的任一公差。

标准公差等级是由公称尺寸和公差等级决定的。标准公差等级代号由符号 IT 和数字组成。国标规定了 20 个等级，即 IT01、IT0、IT1～IT18。在保证产品质量的前提下，应采用较低的公差等级。标准公差数值（GB/T 1800.2—2020）部分摘录如表 5-8 所示。

表 5-8 标准公差数值（GB/T 1800.2—2020）部分摘录

公称尺寸/mm		公差等级																
		IT1	IT2	IT3	IT4	IT5	IT6	IT7	IT8	IT9	IT10	IT11	IT12	IT13	IT14	IT15	IT16	IT17	IT18
大于	至	μm											mm						
—	3	0.8	1.2	2	3	4	6	10	14	25	40	60	0.1	0.14	0.25	0.4	0.6	1	1.4
3	6	1	1.5	2.5	4	5	8	12	18	30	48	75	0.12	0.18	0.3	0.48	0.75	1.2	1.8
6	10	1	1.5	2.5	4	6	9	15	22	36	58	90	0.15	0.22	0.36	0.58	0.9	1.5	2.2
10	18	1.2	2	3	5	8	11	18	27	43	70	110	0.18	0.27	0.43	0.7	1.1	1.8	2.7
18	30	1.5	2.5	4	6	9	13	21	33	52	84	130	0.21	0.33	0.52	0.84	1.3	2.1	3.3
30	50	1.5	2.5	4	7	11	16	25	39	62	100	160	0.25	0.39	0.62	1	1.6	2.5	3.9
50	80	2	3	5	8	13	19	30	46	74	120	190	0.3	0.46	0.74	1.2	1.9	3	4.6
80	120	2.5	4	6	10	15	22	35	54	87	140	220	0.35	0.54	0.87	1.4	2.2	3.5	5.4

- 基本偏差：用于确定公差带相对于 0 线位置的上极限偏差或下极限偏差，一般为靠近 0 线的那个偏差。基本偏差系列示意图如图 5-17 所示。

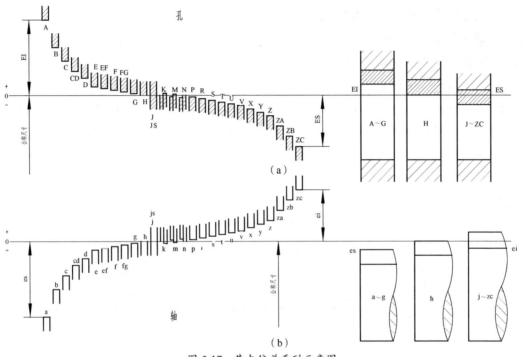

图 5-17 基本偏差系列示意图

- 公差带代号：公差带代号由偏差代号和公差等级两部分组成，例如：

ϕ30H7：ϕ30 为公称尺寸；H7 为孔公差带代号，其中，H 为基本偏差，7 为公差等级。

ϕ30f7：ϕ30 为公称尺寸；f7 为轴公差带代号，其中，f 为基本偏差，7 为公差等级。

（3）配合。

公称尺寸相同且相互结合的孔和轴的公差带之间的关系称为配合。根据使用要求的不同，孔和轴之间的配合有紧有松。国标根据零件配合的松紧程度的不同要求，将配合分为以下三类。

- 间隙配合：孔的尺寸减去与之配合的轴的尺寸的值为正，孔的公差带在轴的公差带的上方，如图5-18（a）所示。
- 过盈配合：孔的尺寸减去与之配合的轴的尺寸的值为负，孔的公差带在轴的公差带的下方，如图5-18（b）所示。
- 过渡配合：可能具有间隙或过盈的配合，孔的公差带和轴的公差带互相交叠，如图5-18（c）所示。

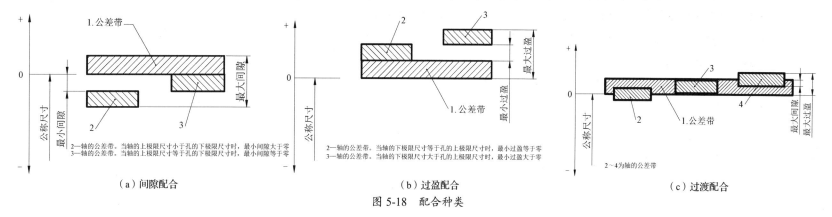

图 5-18 配合种类

（4）ISO 配合制。

ISO 配合制是由线性尺寸公差 ISO 代号体系确定公差的孔和轴组成的一种配合制度。为了方便设计和生产，ISO 配合制对配合制度规定了两种形式：基孔制和基轴制（见图 5-19）。

注意：形成配合要素的线性尺寸公差 ISO 代号体系应用的前提条件是孔和轴的公称尺寸相同。

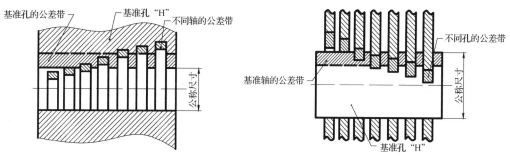

图 5-19 基孔制和基轴制

- 基孔制：孔的基本偏差为零的配合，孔的下极限尺寸与公称尺寸相同的配合制。它要求的间隙或过盈由不同公差带代号的轴与一基本偏差为零的公差带代号的基准孔相配合得到。基孔制的孔为基准孔，其基本偏差代号为 H。
- 基轴制：轴的基本偏差为零的配合，轴的上极限尺寸与公称尺寸相同的配合制。它要求的间隙或过盈由不同公差带代号的孔与一基本偏差为零的公差带代号的基准轴相配合得到。基轴制的轴为基准轴，其基本偏差代号为 h。

国标规定优先选用基孔制，因为孔比轴难加工。采用基孔制可降低加工成本、提高生产效率。

（5）公差与配合的标注。
- 在装配图上的标注：一般采用组合式注法标注配合代号，如图 5-20（a）所示。
- 在零件图上的标注：一是标注公差带代号，如图 5-20（b）所示；二是标注公差带的极限偏差数值，如图 5-20（c）所示；三是同时注出公差带代号及其相应的极限偏差数值，如图 5-20（d）所示。

注意：在表 5-8 中查到的偏差数值单位为 μm。因此在图上标注偏差时，必须将查到的数值换算成 mm。

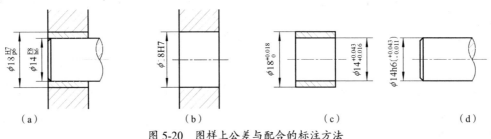

图 5-20　图样上公差与配合的标注方法

3. 极限与配合公差识读实例

试说明图 5-21（a）中尺寸 $\phi 30 \dfrac{H8}{f7}$ 表示的含义；查表 5-8 确定孔和轴的上、下偏差值；画出公差带图，如图 5-21（b）所示。

【实例解读】

（1）$\phi 30 \dfrac{H8}{f7}$ 表示的含义：公称尺寸为 $\phi 30$ 的孔和轴配合；8 级精度的基孔制；孔的公差带代号为 H8，其中 H 为孔的基本偏差，8 为公差等级；轴的公差带代号为 f7，其中 f 为

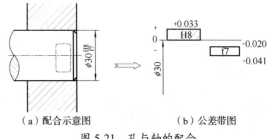

（a）配合示意图　（b）公差带图

图 5-21　孔与轴的配合

轴的基本偏差，7 为公差等级。由图 5-21（b）可知，该孔与轴为间隙配合。

（2）孔和轴的上、下偏差值可直接从表 5-8 中查出。

孔：ϕ30H8 的上、下偏差值为+0.033mm、0。

轴：ϕ30f7 的上、下偏差值为-0.020mm、-0.041mm。

（3）画出的公差带图如图 5-21（b）所示。

5.3.3 形状和位置公差

在进行零件加工时，不仅会产生尺寸误差，还会产生形状和位置误差。零件表面的实际形状对其理想形状允许的变动量称为形状误差；零件表面的实际位置对其理想位置允许的变动量称为位置误差。形状和位置公差简称形位公差。

1. 形位公差代号

形位公差代号如图 5-22 所示。当无法用代号标注时，允许在技术要求中用文字说明。需要注意的是，指引线的方向必须是公差带的宽度方向。

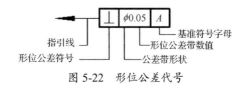

图 5-22　形位公差代号

2. 基准符号

基准符号由一个基准方格（方格内写有表示基准的英文大写字母）和涂黑的（或空白的）基准三角形用细实线连接构成，如图 5-23 所示。

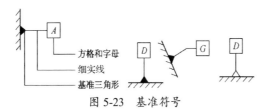

图 5-23　基准符号

3. 形位公差框格

在标注形位公差时，国标中规定用框格标注。公差框格用细实线画出；可画成水平的或垂直的；高度是图样中尺寸数字高度的 2 倍；长度视需要而定。框格中的数字、字母、符号与图样中的数字等高。形位公差的框格形式如图 5-24 所示。

①—形状公差符号；②—公差值；③—位置公差符号；④—公差带的形状及形位公差值；⑤—基准

图 5-24　形位公差的框格形式

4. 被测要素的标注方法

用带基准符号的指引线将基准要素与公差框格的另一端相连。基准符号用加粗的短画线表示；圆圈和连线用细实线绘制，连线必须与基准要素垂直。

当基准要素为轮廓线或表面时，基准符号应靠近该要素的轮廓线或引出线，并应与尺寸线箭头明显地错开，如图 5-25 所示。

当指引线的箭头指向实际表面时，箭头可置于带点的参考线上，该点指向实际表面，如图 5-26 所示。

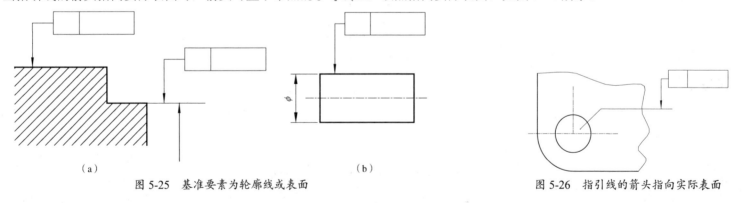

图 5-25　基准要素为轮廓线或表面　　　　图 5-26　指引线的箭头指向实际表面

当基准要素为轴线、球心或中心平面时，带箭头的指引线应与该要素所对应轮廓要素的尺寸线的延长线重合，如图 5-27 所示。

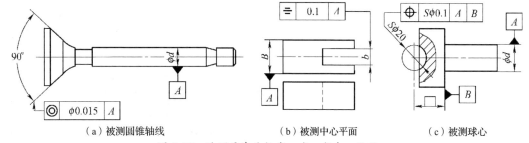

（a）被测圆锥轴线　　　　（b）被测中心平面　　　　（c）被测球心

图 5-27　被测要素为轴线、球心或中心平面

5．形位公差的标注实例

图 5-28 为形位公差标注实例。

【实例解读】

（1）框格 ⊥ $\phi0.03$ B 中的⊥是垂直度的符号，表示零件上两孔轴线与基准平面 B 的垂直度误差，必须位于直径为公差值 0.03 的圆柱面范围内。

（2）框格 ◎ $\phi0.02$ A 中的◎是同轴度的符号，表示零件上两孔轴线的同轴度误差，$\phi 30H7$ 的轴线必须位于直径为公差值 0.02，且与 $\phi 20H7$ 基准孔轴线 A 同轴的圆柱面范围内。

（3）符号 是基准代号，由基准符号（粗短线）、方格、连线和字母组成。其中，字母的高度与图样中尺寸数字的高度相同。

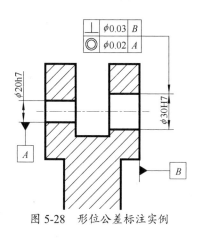

图 5-28　形位公差标注实例

5.4　几类零件图的识读

在设计、制造机器的实际工作中，识读零件图是一项非常重要的工作。例如：

- 设计零件要研究分析零件的结构特点，参考同类型零件图，使设计的零件结构更先进、合理，此时要识读零件图。
- 对设计的零件图进行校对、审核，此时要识读零件图。
- 在生产制造零件时，为制定适当的加工方法和检测手段，以确保零件的加工质量，此时更要识读零件图。

- 进行技术改造、研究改进设计，此时也要识读零件图。

识读零件图的目的如下。

- 了解零件的名称、用途、材料等。
- 了解组成零件各部分结构的形状、特点、功用，以及它们之间的相对位置。
- 了解零件的尺寸大小、制造方法和所提出的技术要求。

本节会结合若干具体零件来讨论零件视图的表达方法（包括视图的选择和尺寸标注）。零件的种类繁多，不能一一进行介绍，这里仅就以下有代表性的零件图进行详细分析。

5.4.1 箱体类零件图识读

图 5-29 为蜗轮减速器箱体零件图。蜗轮减速器箱体与其他诸如阀体、泵体、阀座等均属于箱体类零件，且大多为铸件，一般起支承、容纳、定位和密封等作用，内外形状较为复杂。

【实例解读】

1. 首先看标题栏，粗略了解零件

首先看标题栏，了解零件的名称、材料、数量等，从而大体了解零件的功用。蜗轮减速器箱体是蜗轮减速器的主体零件，起支承和包容蜗杆、蜗轮等传动零件的作用。箱体材料为灰口铸铁 HT200，说明毛坯的制造方法是铸造。从图纸的比例和图形大小可估计出该零件的真实大小。

2. 分析研究视图，明确表达目的

看视图，应先找到主视图，然后根据投影关系识别其他视图的

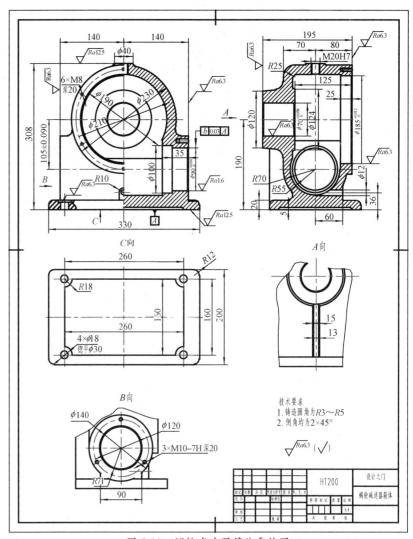

图 5-29 蜗轮减速器箱体零件图

名称和投射方向、局部视图或斜视图的投射部位、剖视图或断面图的剖切位置，从而理清各视图的表达目的。

该箱体零件共采用了三个基本视图（主视图、俯视图（C向视图）、左视图）和两个其他视图（A向视图和B向视图）。视图选择符合形状特征和工作位置原则，视图数量和表达方法都比较恰当。具体分析如下。

（1）主视图分析。

联系俯视图和左视图可知，主视图是通过该零件的左右对称平面剖切得到的半剖视图，因为其左右对称，所以未加标注。主视图（半剖视图）反映了箱体空腔的层次，即蜗轮轴孔、啮合腔的贯通情况与蜗杆轴孔之间的相互关系，以及支撑肋板的形状等。

（2）俯视图分析。

联系主视图和左视图分析俯视图，从主视图上找到C向投影位置，俯视图（C向视图）是从箱体底部向顶部进行投影得到的，仅表达出蜗轮减速器箱体底板的结构，具体反映了底板下面的外部结构形状及其安装孔的分布情况。

（3）左视图分析。

左视图是通过蜗杆轴孔的中轴线剖切得到的全剖视图。它进一步反映了蜗杆轴孔的前后贯通情况，以及啮合腔、蜗轮轴孔的相对位置关系（蜗轮轴孔与蜗杆轴孔的轴线垂直交叉）。

（4）A向视图分析。

A向视图反映了支撑肋板的结构形状，此图是在左视图中从左侧进行投影得到的局部视图。

（5）B向视图分析。

B向视图反映了侧面底板中部上面的圆柱面凹槽形状及其与M10螺孔的相对位置关系。A向视图和B向视图弥补了基本视图表达的不足。

3. 深入分析视图，勾勒箱体零件结构

用形体分析法看图可知，此箱体大致可分为底板、支撑肋板、啮合腔壳体、蜗杆轴支承、蜗轮轴支承等部分。每部分的结构形状、相对位置及其作用分析如下。

（1）底板。

底板是箱体的承托和安装部分。结合主视图、俯视图、左视图这三个基本视图可知，底板的基本形状是长方体，其上钻有4个$\phi 18$的光孔，供安装螺栓用；底板下表面中部为凹槽毛坯面，以减少加工面并保证与相邻件机架接触良好。从B向视图可知，在底板的中部上表

面有一个 $R71$ 的弧形面凹槽,这是为安装放油塞而开设的。此结构既可使放油塞有一定的拆装空间,又可使结构紧凑。参考技术要求,可知底板下表面凹槽圆角为 $R3$,底板上表面周边圆角为 $R5$。

(2)支撑肋板。

由左视图可看出支撑肋板所处的位置、形状和作用。在左视图所作的全剖视图中,支撑肋板受纵向剖切的影响,按规定未画出剖面线;由于支撑肋板在平面图上被遮盖,其他视图也未反映,所以在 A 向视图上又对支撑肋板进行了重合断面,以反映其端面形状和宽度。

(3)啮合腔壳体。

将主视图、俯视图、左视图联系起来看可知,啮合腔为上圆下方的空腔,空腔上部容纳蜗轮、空腔下部容纳蜗杆。啮合腔壳体左端面为两同心圆围成的平面,其上有 6 个 M8 螺孔(深 20)供安装闷盖用。

(4)蜗杆轴支承。

由左视图可知,蜗杆支承为圆形结构,两轴孔同轴线且与蜗轮轴孔轴线垂直交叉。从 B 向视图可知,蜗杆轴支承的外端为圆形凸台结构,且前、后两凸台形状相同,其上各有 3 个 M10 的螺孔,分别供安装透盖和闷盖用。

(5)蜗轮轴支承。

由主视图、左视图和 A 向视图可知,蜗轮轴支承为一圆筒结构,下部由支撑肋板支撑,右端与啮合腔壳体相连,顶部有一个 $\phi 40$ 的圆形凸台,此圆形凸台中有 M20 螺孔,供安装油杯用。

通过上述分析,综合起来就可以完整地想象出该箱体零件的各部分结构形状及其相对位置,并对零件的表达视图进行分析评价。看图构思后的蜗轮减速器箱体如图 5-30 所示。

图 5-30 蜗轮减速器箱体

4．分析所有尺寸，理清尺寸要素

分析尺寸的主要目的如下。

- 根据零件的结构特点、设计和制造工艺要求找出尺寸基准，分清设计基准和工艺基准，明确尺寸种类和标注形式。
- 分析影响性能的功能尺寸标注是否合理、标准结构要素的尺寸标注是否符合要求、其余尺寸是否满足要求。
- 校核尺寸标注是否齐全等。

（1）找出尺寸基准。

经看图分析可知，所有尺寸的基准主要是围绕蜗杆、蜗轮啮合两轴孔中心距，以保证蜗杆、蜗轮正常啮合传动和装配相关零件这一设计要求确定的。

长度方向的主要基准（设计基准）为啮合腔外壳左端面（加工面），辅助基准（或工艺基准）有底板左端面等。

宽度方向的主要基准为前后对称平面。

高度方向的主要基准为底板的下底面（加工面），辅助基准有蜗轮轴孔的轴线等。

（2）找出定位尺寸。

长度方向的定位尺寸主要有 260、140、35 等。

宽度方向的定位尺寸主要有 160、125、60、70、80 等。

高度方向的定位尺寸主要有 190、105±0.090、36、5、20 等。

此外，还有啮合腔壳体左端面螺孔的定位尺寸 $\phi 210$，蜗杆两轴孔外端面凸台上螺孔的定位尺寸 $\phi 120$ 等。

（3）找出定形尺寸。

图 5-29 中标注的功能尺寸有零件总体尺寸（包括长 330、宽 200 及高 308）、蜗轮轴孔 $\phi 70_{0}^{+0.038}$、啮合腔壳体左端孔外圆 $\phi 120$ 及其他所有孔尺寸等；非功能尺寸有槽尺寸、圆角/倒角尺寸等。

（4）找出总体尺寸。

蜗轮减速器箱体零件的总体尺寸分别为长 330、宽 200、高 308。

5．分析技术要求，读懂全图

零件图的技术要求是制造零件的质量指标。在看图时，应根据零件在机器中的作用来分析零件的技术要求是否能在低成本的前提下保证零件质量。主要分析零件的表面粗糙度、尺寸公差和形位公差要求，首先理清配合面或主要加工面的加工精度要求，并了解其代号含义；然后分析其余加工面和非加工面的相应要求，并了解零件加工工艺特点和功能要求；最后了解并分析零件的材料热处理、表面处理或修饰、检验等其他技术要求，以便根据现有加工条件确定合理的加工工艺方法。

在蜗轮减速器箱体零件图中，注有公差要求的尺寸包括 $\phi 185_{0}^{+0.012}$、$\phi 70_{0}^{+0.038}$、$\phi 90_{0}^{+0.036}$、105±0.090、M20H7、3×M10-7H 等。

有配合要求的加工面，其 Ra 值均为 6.3μm，其他加工面的 Ra 值均为 12.5μm；其余为非加工面。

图 5-29 中只有一处有形位公差要求，即以蜗轮轴孔的轴线为基准，其蜗杆轴孔 $\phi 90_{0}^{+0.036}$ 的轴线与端面垂直度的公差为 0.03mm。

5.4.2 叉架类零件图识读

常见的叉架类零件（如拨叉、摇杆、轴承支座、摇臂、支架等）如图 5-31 所示。叉架类零件的形状较为复杂，一般具有肋、板、杆、筒、座、凸台、凹坑等结构。随着零件的作用及安装到机器上的位置不同而具有各种形式的结构，而且不像箱体类零件那样有规则，但多数叉架类零件都具有工作部分、固定部分和连接部分。该类零件的毛坯多为铸件或锻件，其工作部分和固定部分需要切削加工；连接部分常无须进行切削加工。

叉架类零件的常用视图表达方法如下。

（1）零件一般水平放置，选择零件形状特征明显的方向作为主视图的投射方向。

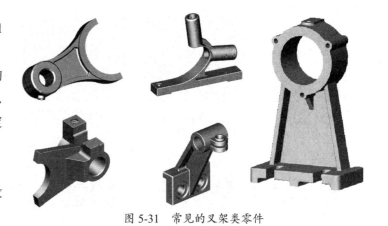

图 5-31 常见的叉架类零件

（2）叉架类零件的结构形状较复杂，除主视图外，一般还需要两个以上的基本视图才能将零件的主要结构表达清楚。

（3）常用局部视图、局部剖视图来表达零件上的凹坑、凸台等；用断面图表示筋板、杆体的断面形状。当零件的主要部分不在同一平面上时，可采用斜视图或旋转剖视图来表达。

【实例解读】

图 5-32 为轴承支座零件图。

第5章 识读零件图

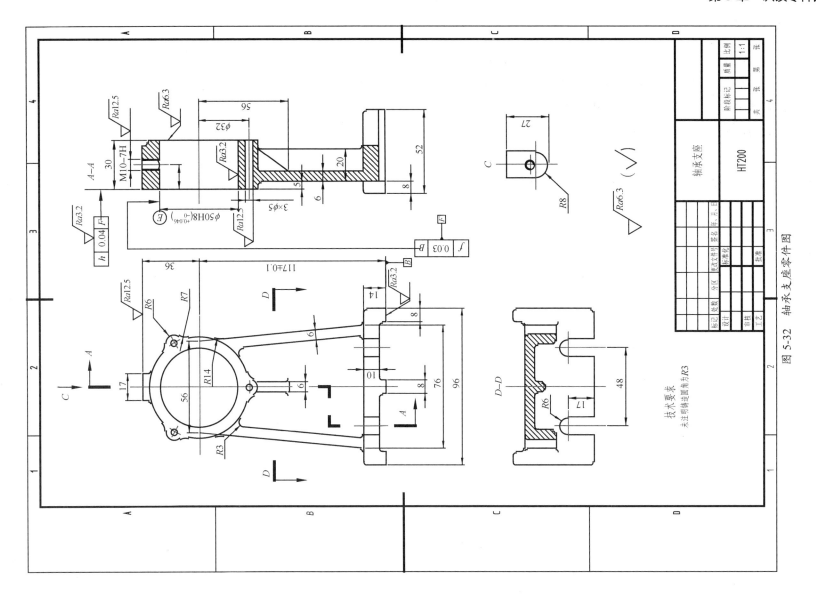

图 5-32 轴承支座零件图

1. **读标题栏**

从零件图的标题栏可知，该零件为轴承支座，材料为 HT200，尺寸比例为 1:1，根据零件图中的尺寸，可以估测出零件外形。

轴承支座起支撑轴及轴上零件的作用，承受力较大；同时具有定位作用，使零件之间保持正确的位置。轴承支座零件主要由轴承孔、装油杯孔、螺钉孔、底板、支撑板及肋板组成。

2. **分析研究视图，明确表达目的**

（1）分析主视图。

主视图清晰地表达了零件的主要组成部分：轴承孔的形状特征、三个螺钉孔、支撑板、肋板、底板的结构和外形。

（2）分析左视图。

左视图为全剖视图，能够完整地表达出轴承孔、螺钉孔、装油杯孔、支撑板的结构与形状。

（3）分析俯视图。

俯视图是用 $D\text{-}D$ 剖切平面剖切零件后向下投影零件的剖面视图，它除了表达了底板的形状，还表达了肋板断面的情况。

（4）分析 C 向视图。

当三个基本视图均不能表达零件顶部的装油杯孔的外形时，需要增加 C 向视图。

3. **深入分析视图，想象出轴承支座模型形状**

通过对三个基本视图和 C 向视图的分析可以得知轴承支座零件的基本结构，每部分的结构形状、相对位置及其作用分析如下。

（1）底板。

结合主视图和俯视图来看，可以确定底板主体形状为前端经过圆角处理的长方体，其中包含两个 U 形切槽。

（2）支撑板和肋板。

支撑板是连接底板和轴承孔的桥梁，结合主视图和左视图可以得知其外形和板厚度。肋板起支撑轴承孔的作用，其结构与外形也由主视图和左视图得知。

（3）轴承孔。

轴承孔部分包含三个螺钉孔，其结构和形状可从主视图和左视图（剖切视图）得知。

（4）装油杯孔。

装油杯孔的结构与形状由左视图中的断面和 C 向视图的尺寸来决定。经过对视图、定位尺寸、定形尺寸进行分析，可以想象出轴承支座模型的形状，如图 5-33 所示。

4．分析尺寸

通过上述形体分析可知，轴承支座零件图中的尺寸基准为轴承孔的轴、底板底面和后端面。

长度方向的尺寸基准为轴承孔中轴线，长度方向的尺寸皆以此为参考进行标注，如尺寸 96、76、56、48 等；宽度方向的尺寸是以底板后端面为尺寸基准进行标注的；高度方向的尺寸是以底板底面为尺寸基准进行标注的。在加工画线时，需要在零件毛坯上先画出这些尺寸基准的位置。

轴承支座零件的设计尺寸有零件整体尺寸、各视图中的定位尺寸和定形尺寸。某些尺寸有公差要求，在加工时应保证这些尺寸的精度。

图 5-33　轴承支座模型

5．看技术要求

在看图时，只有对零件的表面粗糙度、尺寸偏差、形位公差及其他技术要求进行仔细的分析，才能制定出合理的加工方法。

5.4.3　轴套类零件图识读

轴套类零件的主体为回转体，且常常由若干同轴回转体组合而成。轴套类零件的径向尺寸小、轴向尺寸大，为细长类回转结构，且零件上常有倒角、倒圆、螺纹、螺纹退刀槽、砂轮越程槽、键槽、小孔等结构。

轴套类零件可细分为轴类和套类两种：轴类零件一般为实心结构，如齿轮轴【见图 5-34（a）】、铣刀头刀轴等；套类零件为空心结构，如滚珠丝杠用螺母【见图 5-34（b）】、模具导柱的导套等。

（a）齿轮轴　　　　（b）滚珠丝杠用螺母

图 5-34　轴套类零件

【实例解读】

以齿轮轴零件图（见图5-35）的识读为例来介绍轴套类零件的视图表达、尺寸标注、加工要求及其他技术要求等。

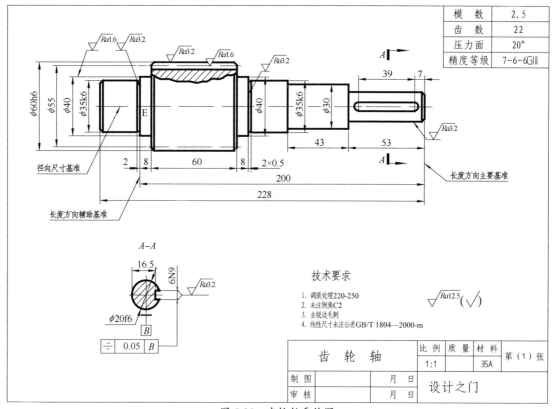

图 5-35　齿轮轴零件图

1. 读标题栏

从标题栏可知该零件为齿轮轴。齿轮轴是用来传递动力和运动的，其材料为 **35A 钢**、最大直径为 **60mm**、总长 **228mm**，属于小型轴零件。

2. 详细分析视图

（1）分析表达视图和形体结构。

齿轮轴的表达视图由主视图和移出断面图组成，对轮齿部分在主视图中进行了局部剖，并在此标注了加工零件要求（粗糙度）。主视图已将齿轮轴的主要结构表达清楚了：由几段不同直径的回转体组成，最大圆柱上制有轮齿，最右端圆柱上有一键槽，零件两端及轮齿两端有倒角，轴的两个端面处有砂轮越程槽。移出断面图用于表达键槽深度和形状。

（2）分析尺寸。

齿轮轴中ϕ35k6轴段用来安装滚动轴承，ϕ20f6轴段用来安装联轴器，径向尺寸基准为齿轮轴的轴线。

右端面为长度方向的主要基准，注出了尺寸228、200、7、39、53、43等。

E端面用于安装挡油环及轴向定位，因此，E端面为长度方向的第一辅助基准（由尺寸200精准定位），注出了尺寸2、8、60、2×0.5等。

键槽长度39、齿轮宽度60等为轴向的重要尺寸，已直接注出。

3. 想象齿轮轴模型形状

通过上述看图分析，对齿轮轴的作用、结构形状、尺寸大小、主要加工方法及加工中的主要技术指标要求有了较清楚的认识。综合起来，即可想象出齿轮轴的模型形状，如图5-36所示。

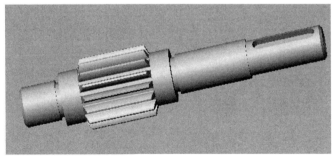

图5-36 齿轮轴想象图

4. 看技术要求

两个ϕ35k6及ϕ20f6的轴颈处有配合要求，尺寸精度较高，均为6级公差，相应的表面粗糙度要求也较高，分别为Ra1.6和Ra3.2；对键槽提出了对称度要求；对调制处理、倒角、去毛刺、未注尺寸公差提出了4项文字说明要求。

5.4.4 盘盖类零件图识读

盘盖类零件主要起连接、支承、轴向定位、防尘和密封等作用。常见的盘盖类零件有各种端盖（衬盖、油封盖）、各种齿轮、带轮、飞轮、轴承盖等，如图5-37所示。

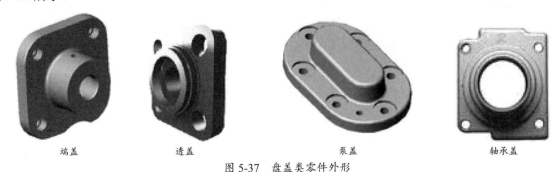

图 5-37　盘盖类零件外形

盘盖类零件的主体部分常由回转体组成，通常有键槽、轮辐、均布孔等结构，且常有一端面与部件中的其他零件结合。

盘盖类零件的主要加工表面为外圆、端面和内孔，其技术要求除表面本身的尺寸精度、形状精度和粗糙度外，还可能有内圆和外圆之间的同轴度、断面和孔轴线的垂直度等位置精度要求，这类零件孔的精度一般要求较高，孔的表面粗糙度值为 $Ra1.6$，甚至更小，外圆的表面精度一般比内孔的表面精度低，即其表面粗糙度值要稍大一些。

盘盖类零件材料采用钢材、铸铁、铸钢、铝或非金属材料。毛坯选用圆钢、铸件或锻件。

盘盖类零件长度方向尺寸的主要基准（轴向基准）一般是有一定精度要求加工重要的结合面、端面；宽度和高度方向尺寸的主要基准（径向基准）一般是对称中心轴线。

盘盖类零件有配合要求的内、外表面及起轴向定位作用的端面的表面结构要求、尺寸要求较严格，有配合要求的孔、轴尺寸应给出恰当的尺寸公差；与其他零件相接触的表面，尤其是与运动零件相接触的表面应有平行度或垂直度要求。

盘盖类零件一般采用两个基本视图（见图5-38）来表达：主视图（常采用剖视图）表达内部结构；另一个视图表达零件的外形轮廓和各部分（如凸缘、孔、筋、轮辐等）的分布情况。如果两端面都较复杂，那么还需要增加另一端面的视图。

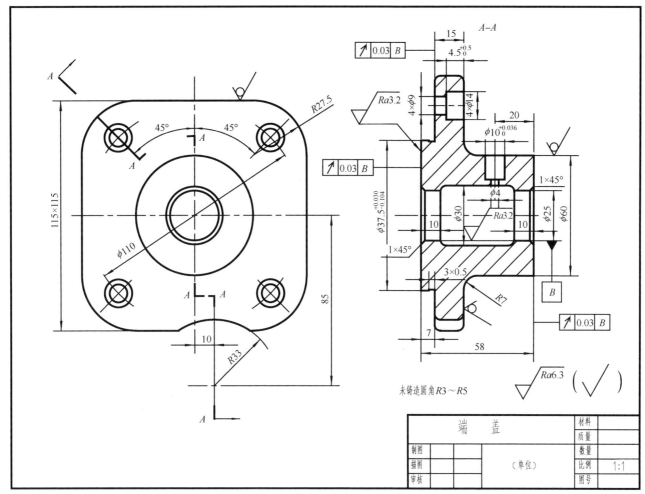

图 5-38 盘盖类零件的视图选择

【实例解读】

图 5-39 为油缸端盖零件图，识读端盖零件图的详细步骤如下。

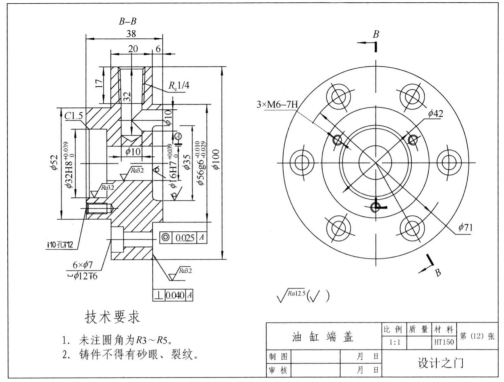

图 5-39 油缸端盖零件图

1. 看标题栏

由标题栏可知,该零件为油缸端盖,起密封油缸的作用;此端盖材料是灰铸铁 HT150,为铸造加工零件;比例为 1:1,根据尺寸可以感知该零件的大小。

2. 分析视图,想象端盖零件形状

端盖零件的表达视图有两个,即主视图和左视图。主视图为两个相交剖切平面剖切的全剖视图,表达了端盖上半部分进、出油口的位置及内部结构圆锥形管螺纹 $R_c1/4$;中间孔部分 $\phi16H7$ 的通孔,用于活塞杆的移动;下半部分六个固定螺钉用沉孔的大小及位置;左端面上

三个螺纹直径为 6mm 的螺纹孔,用于压紧活塞杆的密封件。

左视图用于表达六个端盖连接螺钉的沉孔的位置、大小及三个压紧螺钉的螺纹孔的位置。盘盖类零件一般只用主视图和左视图就能充分表达零件的内、外形和结构了。

结合以上分析,可想象出此端盖零件的外形,如图 5-40 所示。

3. 分析尺寸,理清尺寸要素

端盖的最大直径为 100mm,内孔为 $\phi 16H7$,其厚度为 38mm。两端面凸台处直径分别为 52mm 和 56mm,厚度分别为 12mm 和 6mm。端盖的径向尺寸以中心轴线为基准,长度尺寸以 $\phi 100$ 圆盘右端面为基准,因为右端将与活塞缸本体连接,是重要的定位面,各部分精度要求较高。

4. 看技术要求

(1)读极限配合与表面粗糙度。

端盖的 $\phi 100$ 圆盘右端面与活塞缸连接,为防止泄漏,右端面凸台连接处直径 56mm 处选用间隙很小的配合公差 g6,活塞杆与端盖通孔连接选用 H7 的基孔制配合。端盖气体的进口选用锥管螺纹联接,以保证接合处能承受足够的压力。端盖的表面结构要求最高处位于活塞缸与端盖、活塞缸的端面与端盖接合面,其 Ra 均为 3.2μm,其余选择 12.5μm。

(2)读几何公差。

端盖有两处几何公差要求,为保证连接紧密及内孔中活塞杆位置准确,使活塞杆活动自如,右端凸台与内孔轴线有同轴度要求,且同轴度误差不得超过 0.025mm; $\phi 100$ 圆盘右端面与内孔轴线有垂直度要求,且其垂直度要求误差不得超过 0.04mm。

图 5-40 想象的油缸端盖外形

5.5 练习题

1. 读轴零件图(见图 5-41)

(1)补画出 B-B 剖视图、C 向视图(按图形的实际大小量取)

(2)标出该零件长、宽、高三个方向的主要尺寸基准。

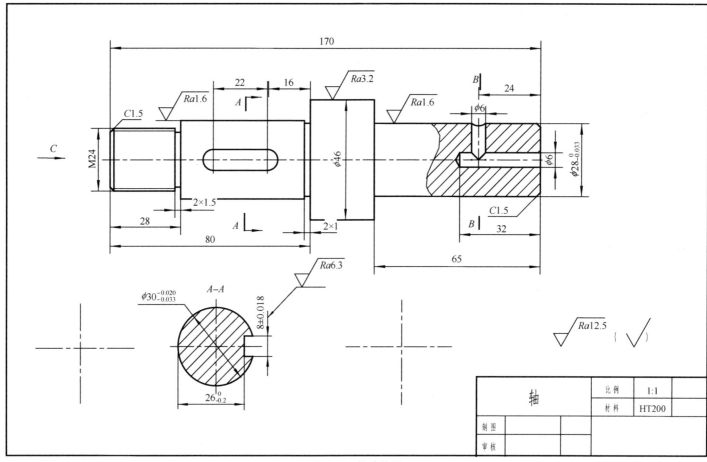

图 5-41 轴零件图

2. 读阀盖零件图（见图 5-42）

（1）画出右视图（只画外形）。

（2）标出该零件长、宽、高三个方向的主要尺寸基准。

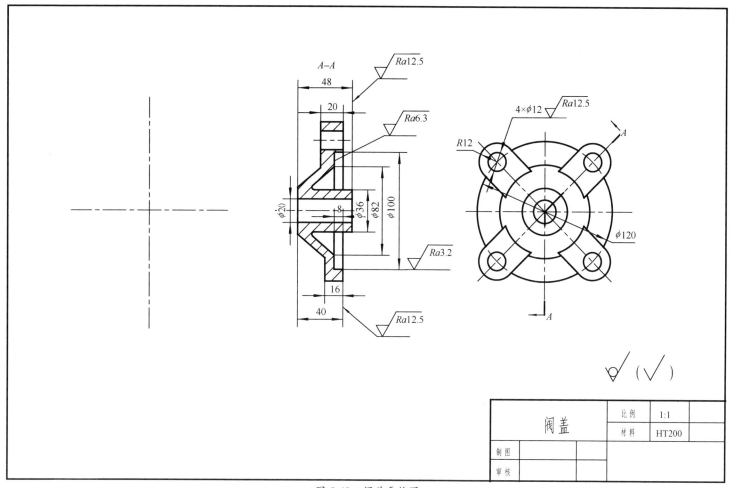

图 5-42 阀盖零件图

3. 读泵体零件图（见图 5-43）

先看懂零件图，再画出俯视图（外形），尺寸从图中直接量取，不画虚线，并在图中标出长、宽、高三个方向尺寸的主要基准。

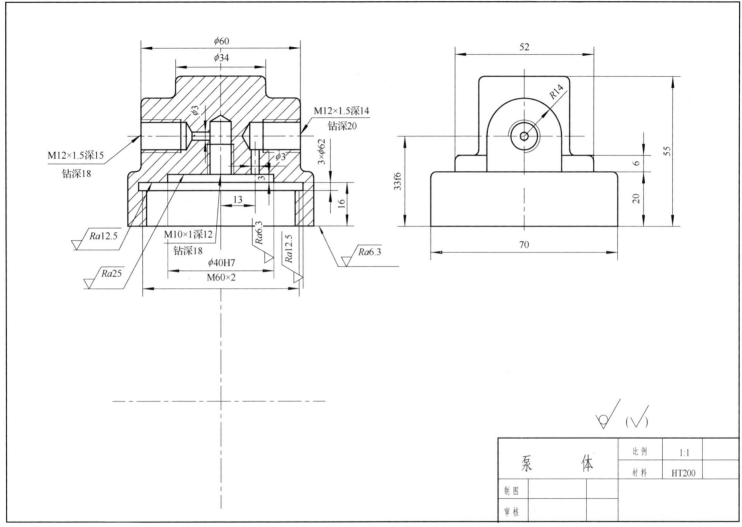

图 5-43　泵体零件图

4．标注配合公差

查出图 5-44 中配合代号的极限偏差数值，标注在零件图中，并填空。

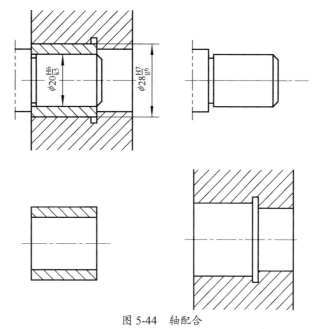

图 5-44　轴配合

$\phi 28H7/g6$ 的含义如下。

（1）公称尺寸_____，基_____制。

（2）公差等级：孔_____级，轴_____级，_____配合。

（3）H 表示_____，g 表示_____。

$\phi 18H6/k5$ 的含义如下。

（1）公称尺寸_____，基_____制。

（2）公差等级：孔_____级，轴_____级，_____配合。

(3) H 表示_____，k 表示_____。

5. 填空

(1) 尺寸公差带由_____和_____两部分组成。

(2) 配合有_____和_____两种基准制。配合分成_____、____和_____三类。孔公差带位于轴公差带之上时，是_____配合；孔公差带位于轴公差带之下时，是_____配合；孔公差带与轴公差带交叠时，是_____配合。

(3) 基孔制的孔（基准孔）用符号_____表示，其基本偏差值为_____；基轴制的孔（基准轴）用符号_____表示，其基本偏差值为_____。

(4) 国标规定的公差等级有_____，最高级为_____，最低级为_____。

第 6 章

识读装配图

本章重点

(1) 装配图的作用和内容。
(2) 装配图的表达与画法。
(3) 装配图的标注与技术要求。
(4) 识读装配图。
(5) 画装配图。

学习目的

(1) 了解装配图的作用和内容,熟悉装配图的规定画法和特殊画法,以及装配结构的画法;掌握装配图的尺寸和技术要求的标注。
(2) 能正确编写零件序号和明细栏。
(3) 掌握装配图的画法与步骤。
(4) 能识读装配图,掌握由装配图拆画零件图的方法与步骤。

6.1 装配图的基础知识

表达机器或部件的图样称为装配图。在对现有机器和部件的安装与检修工作中,装配图是必不可少的技术资料。

表示一台完整机器的装配图称为总装配图;表示机器某个部件的装配图称为部件装配图。总装配图一般只表示各部件之间的相对关系和机器(设备)的整体情况。

6.1.1 装配图的作用

图 6-1 为气缸装配图。装配图是机器设计中设计意图的反映,是机器设计、制造过程中的重要技术依据。

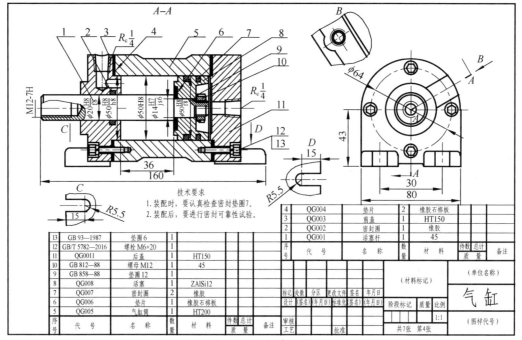

图 6-1 气缸装配图

装配图的作用表现在以下几方面。
- 在进行机器或部件设计时，首先要根据设计要求画出装配图，以表示机器或部件的结构和工作原理。
- 在生产、检验产品时，依据装配图将零件装配成产品，并按照图样的技术要求检验产品。
- 在使用、维修产品时，要根据装配图了解产品的结构、性能、传动路线、工作原理等，从而决定操作、保养和维修的方法。
- 在进行技术交流时，装配图也是不可缺少的资料。

6.1.2 装配图的内容

从气缸的装配图中可知，装配图应包括以下内容。
- 一组视图：表达各组成零件的相互位置、装配关系和连接方式，以及部件或机器的工作原理和结构特点等。
- 必要的尺寸：包括部件或机器的规格（性能）尺寸、零件之间的配合尺寸、外形尺寸、安装尺寸和其他重要尺寸等。
- 技术要求：说明部件或机器的性能、装配、安装、检验、调整或运转的技术要求，一般用文字写出。
- 标题栏、零部件序号和明细栏：同零件图一样，无法用图形或不便用图形表示的内容需要用技术要求加以说明。例如，有关零件或部件在装配、安装、检验、调试及正常工作中应达到的技术要求，常用符号或文字进行标注。

手压阀装配图如图 6-2 所示，手压阀是手动控制管道开、闭的装置。按下压杆 10 使阀杆 3 下移，打开阀门；放开压杆 10，阀杆 3 在弹簧 2 的作用下将阀门关闭。

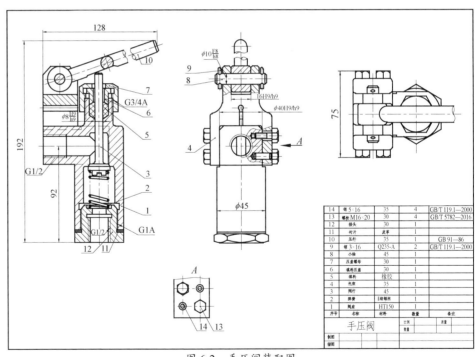

图 6-2 手压阀装配图

6.1.3 装配图的分类

根据表达目的的不同，可将装配图分为设计装配图、外形装配图和常规装配图。

1. 设计装配图

设计装配图将主要部件画在一起，以确定其距离及尺寸关系等，常用来评定该设计的可行性，如滑动轴承设计装配图（见图6-3）。

2. 外形装配图

外形装配图概括地画出各个部件的结构，如主要尺寸、中心线等，常用来为销售人员提供相应部件的目录及明细表，如安全阀外形装配图（见图6-4）。

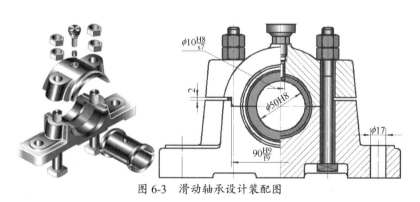

图 6-3　滑动轴承设计装配图

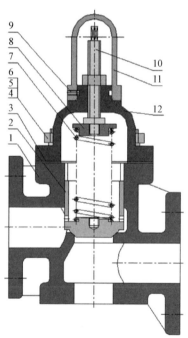

图 6-4　安全阀外形装配图

3．常规装配图

常规装配图清楚地表达了各个部件的装配关系及作用，包括外形及剖视图、必要的尺寸及零件序号等，并列有明细栏，如虎钳常规装配图（见图 6-5）。

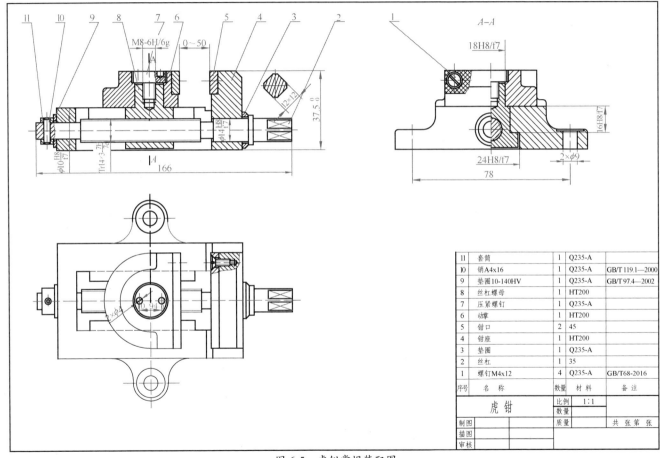

图 6-5　虎钳常规装配图

4. 装配示意图

运用国标《机械制图》中规定的机构及其组件的简图符号，并采用简化画法和习惯画法，用简单的图线（甚至单线）画出各零件的大致轮廓，以表达部件装配关系的图称为装配示意图，如平口钳装配示意图（见图6-6）。

画装配示意图应在对装配体进行了全面了解、分析之后画出，并在拆卸过程中进一步了解装配体内部结构和各零件之间的关系，对装配示意图进行修正、补充，以备将来正确地画出装配图和重新装配装配体之用。

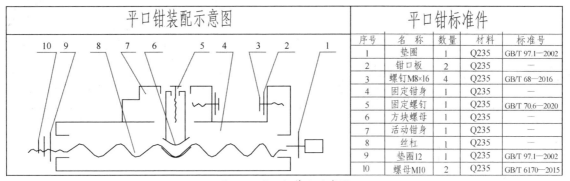

图6-6 平口钳装配示意图

6.2 装配图的表达与画法

机器（或部件）同零件一样，都要表达出它们的内外结构。

针对装配图的特点，为了清晰简便地表达出装配体的结构，国标《机械制图》还对装配图制定了一般表达方法、特殊表达方法、规定画法、简化省略画法等表达方式。

6.2.1 装配图的一般表达方法

在零件图中采用的各种表达方法和选用原则，在装配图中全都适用，这些方法在装配图中称为基本表达方法。如图6-7所示，固定顶尖座装配图就采用了主视图、左视图和俯视图来表达部件之间的位置关系。

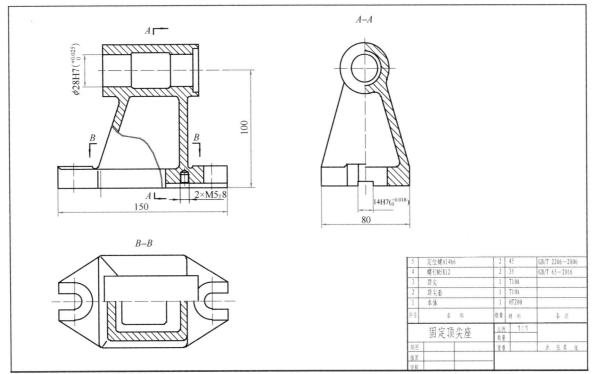

图 6-7　固定顶尖座装配图

6.2.2　装配图的特殊表达方法

由于机器（或部件）是由若干零件装配而成的，所以在表达时会出现一些新问题，如有些零件遮住了其他零件，有些零件需要表示出它在机器中的运动范围等。针对这些问题，国标《机械制图》又规定了一些特殊的表达方法，现介绍如下。

1. 拆卸画法

在画装配图的某个视图的过程中，当某些零件遮挡了需要表达的结构或装配关系时，可假想将这些零件拆卸后画出，这种画法称为拆卸画法。当需要说明时，可标注"拆××等"的字样。冷器开关装配图的拆卸画法如图 6-8 所示。

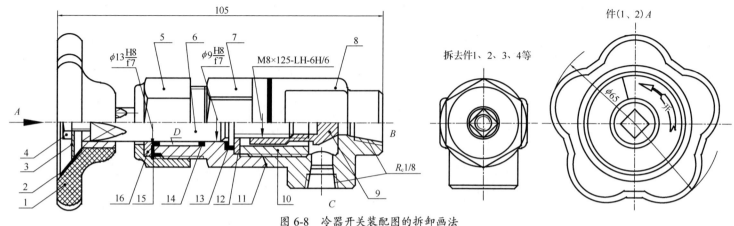

图 6-8 冷器开关装配图的拆卸画法

2. 沿零件结合面剖切的画法

在装配图中,当某个零件遮住了其他需要表达的部分时,可假想用剖切平面沿某些零件的结合面剖开,然后将剖切平面与观察者之间的零件拿走,画出剖视图。转子泵装配剖视图画法如图 6-9 所示。

3. 单独表达某个零件的画法

在装配图中,当某个零件的形状没有被表达清楚时,可以单独画出它的某个视图,并在所画视图的上方注出该零件的视图名称;在相应视图的附近用箭头指明投射方向,并注上同样的字母。单独表达手轮 A 的画法如图 6-10 所示。

4. 假想投影画法

(1) 在机器(或部件)中,有些零件进行往复运动、转动或摆动。为了表示运动零件的极限位置或中间位置,常把它画在一个极限位置上,再用双点画线画出其余位置的假想投影,以表示零件的另一极限位置,并注上尺寸。例如,图 6-11(a)中手柄的运动范围和图 6-11(b)中铣床顶尖的轴向运动范围,两者都是用双点画线画出的。

(2) 为了表示装配体与其他零件的安装或装配关系,常把该装配体相邻而又不属于该装配体的有关零件的轮廓线用双点画线画出。例如,图 6-11(a)中表示箱体安装在了用双点画线表示的底座零件上。

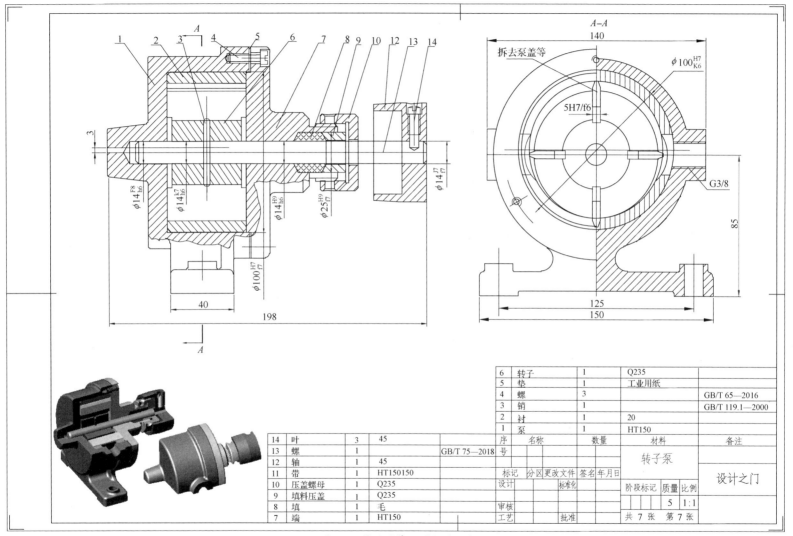

图 6-9 转子泵装配剖视图画法

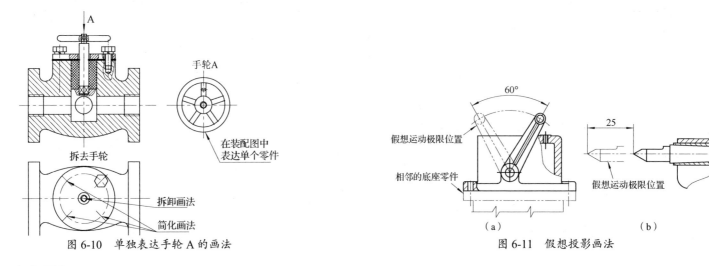

图 6-10 单独表达手轮 A 的画法　　　　图 6-11 假想投影画法

（3）夸大画法。

在装配图中，对于薄片、细杆、小间隙，以及锥度、斜度很小的零件，如果按实际尺寸，那么将很难表达清楚，这时允许夸大画出，即将薄部加厚，细部加粗，间隙加宽，斜度、锥度加大到较明显的程度。

对于宽度≤2mm 的狭小面积的剖面，可用涂黑代替剖面符号。例如，图 6-12（a）中轴承压盖和箱体间的调整垫片，就用涂黑代替了剖面线；图 6-12（b）中带密封槽的轴承盖与轴之间的间隙也是放大后画出的。

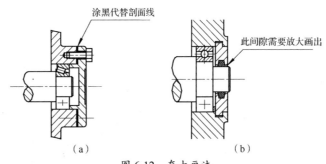

图 6-12 夸大画法

（4）展开画法。

为了表示部件传动机构的传动路线及各轴之间的装配关系，可按传动顺序沿轴线剖开，并将其展开画出。在展开剖视图的上方应注上"×-×展开"的字样。例如，图6-13为挂轮架装配图的展开画法。

6.2.3 装配图的规定画法

为了明显区分每个零件并确切表示出它们之间的装配关系，国标对装配图的画法又做了如下规定。

1. 接触面与配合面的画法

对于两相邻零件的接触面或配合面，只画一条轮廓线（粗实线）。当公称尺寸不相同的两个零件套装在一起时，即使它们之间的间隙很小，也必须画出有明显间隔的两条轮廓线，如图6-14所示。

2. 剖面符号的画法

（1）同一金属零件的剖面符号在各剖视图、断面图中应保持方向一致、间隔相等。

（2）相邻两个零件的剖面符号的倾斜方向应相反。

（3）当三个零件相邻时，除其中两个零件的剖面符号的倾斜方向相反外，对第三个零件应采用不同的剖面符号间隔，并与同方向的剖面符号错开。

（4）在装配图中，对于宽度小于或等于2mm的狭小面积的断面，可用涂黑代替剖面符号。

图6-15为相邻零件之间的剖面线的画法。

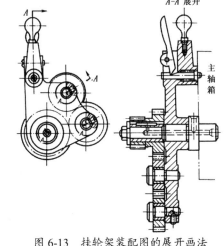

图6-13 挂轮架装配图的展开画法

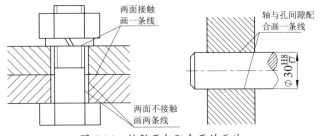

图6-14 接触面与配合面的画法

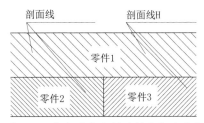

图6-15 相邻零件之间的剖面线的画法

3. 实心件和标准件的画法

在装配图中，对于实心件（如轴、手柄、连杆、吊钩、球、键、销等）和标准件（如螺栓、螺母、垫圈等），若按纵向剖开，且剖切平面通过其对称平面或轴线，则这些零件均按不剖绘制。但若剖切平面垂直于上述的一些实心件和标准件的轴线剖切，则这些零件应按剖视绘制，并画出剖面符号。

当实心件上有些结构形状和装配关系需要表明时，可采用局部剖视。图 6-16 为实心件和标准件的规定画法。

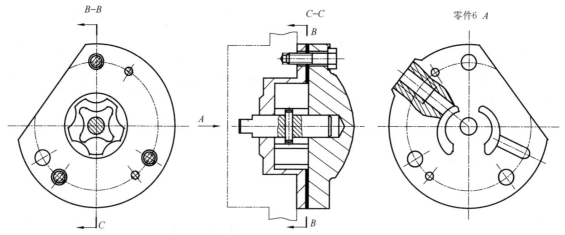

图 6-16　实心件和标准件的规定画法

6.2.4　装配图的简化和省略画法

对于装配图中若干相同的零件组（如螺栓联接等），可仅详细地画出一组或几组，其余只需用点画线表示出装配位置即可。例如，图 6-17 中的一组轴承、轴、轴承盖等零件联接的装配图。

- 在装配图中，滚动轴承允许采用简化画法。
- 在装配图中，零件的工艺结构，如圆角、倒角、退刀槽等允许省略不画。
- 在装配图中，当剖切平面通过的部件为标准产品或该部件已被其他图形表示清楚时，可按不剖绘制。

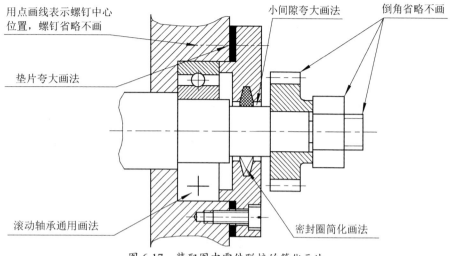

图 6-17 装配图中零件联接的简化画法

6.3 装配图的标注与技术要求

装配图的作用与零件图的作用不同，因此，在图上标注尺寸的要求也不同。在装配图上，应该按照对装配体的设计或生产的要求来标注某些必要的尺寸。除尺寸标注外，装配图中还应包括技术要求、零件编号、零件明细栏等要素。

6.3.1 装配图的尺寸标注

装配图上的尺寸应标注清晰、合理，零件上的尺寸不一定全部标出，只要求标注与装配有关的尺寸。一般常标注的有性能尺寸、装配尺寸、安装尺寸、外形尺寸及其他重要尺寸。

1. 性能尺寸

性能尺寸是机器或部件在设计时要求的尺寸。例如，在图 6-18 中，球阀的轴孔尺寸 $\phi 20$ 关系阀体的流量、压力和流速。

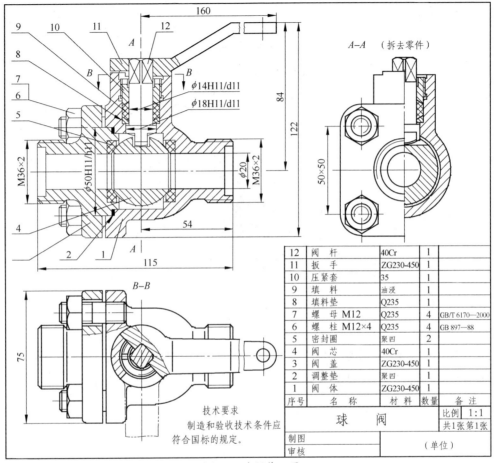

图 6-18 球阀装配图

2. 装配尺寸

装配尺寸包括保证有关零件间配合性质的尺寸、保证零件间相对位置的尺寸、装配时进行加工的尺寸。例如，图 6-18 中的装配剖视图（主视图）中，$\phi 50H11/h11$ 表明阀体与阀盖的配合为间隙配合，采用的是基孔制和基轴制。

3. 安装尺寸

安装尺寸是机器或部件在安装到基础或其他设备上时必需的尺寸。例如，图 6-18 中的尺寸 M36×2，它是阀与其他零件的连接尺寸。

4. 外形尺寸

外形尺寸是机器或部件整体的总长、总高、总宽。它是运输、包装和安装必须提供的尺寸，如厂房建设、包装箱的设计制造、运输车辆的选用都涉及机器的外形尺寸。外形尺寸也是用户选购产品的重要数据之一。

5. 其他重要尺寸

其他重要尺寸是指在设计中经过计算而确定的尺寸，如运动零件的极限位置尺寸、主要零件的重要尺寸等。

上述五种尺寸在一张装配图上不一定同时都有，有时，一个尺寸也可能包含几种含义。应根据机器或部件的具体情况和装配图的作用进行分析，从而合理地标注出装配图的尺寸。

6.3.2 装配图上的技术要求

技术要求是指在设计中对机器或部件的性能、装配、安装、检验和工作必须达到的技术指标，以及某些质量和外观上的要求。例如，一台发动机在指定工作环境（如温度）下能达到的额定转速、功率；装配时的注意事项；检验时依据的标准等。

技术要求一般注写在装配图的空白处，对于具体的设备，其涉及的专业知识较多，可以参照同类或相近设备，并结合具体的情况进行编制。

6.3.3 装配图上的零件编号

装配图的图形一般较复杂，包含的零件种类和数目也较多，为了便于在设计和生产过程中查阅有关零件，在装配图中必须对每个零件进行编号。下面介绍零件编号的一般规定及其标注方法。

1. 零件编号的一般规定

零件编号的原则如下。

- 装配图中的每种零件都必须有编号。同一装配图中相同的零件只有一个编号，且一般只标注一次。
- 零件的序号应与明细栏中的序号一致。
- 同一装配图中零件编号的形式应一致。

2. 标注方法

零件编号是由圆点、指引线、水平线或圆（均为细实线）及数字组成的。序号写在水平线上或小圆内。序号字高应比该图中尺寸数字大一号或两号，如图 6-19 所示。

指引线应自所指零件的可见轮廓内引出，并在其末端画一圆点，如图 6-20 所示；若所指部分不宜画圆点，如很薄的零件或涂黑的剖面等，则可在指引线的末端画一箭头，并指向该部分的轮廓。

如果是一组标准件或装配关系清楚的零件组，则可以采用公共指引线，如图 6-20（b）所示。

指引线应尽可能分布均匀且彼此不相交，也不要过长。指引线在通过有剖面线的区域时，要尽量不与剖面线平行，必要时可画成折线，但只允许折一次，如图 6-20（c）所示。

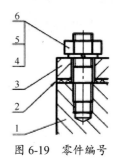

图 6-19 零件编号

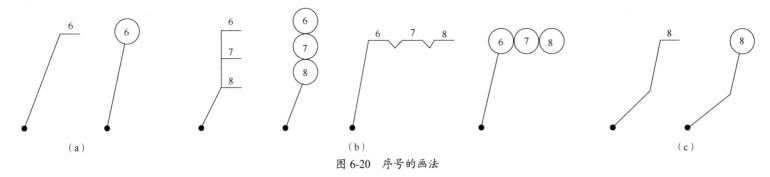

图 6-20 序号的画法

序号应按顺时针或逆时针方向整齐地排列在水平线或垂直线上，间距应尽可能相等。

标准件也可以单独作为一个系统进行编号，并单独画出其明细表；也可以在指引线末端的水平线上直接标注名称、规格、国标号。

6.3.4 零件明细栏

零件明细栏是说明装配图中每个零件的序号、图号（图样代号）、名称、数量、材料、重量等资料的表格，是看图时根据图中零件序号查找零件名称、零件图图号等内容的重要资料，也是采购外购件、标准件的重要依据。

国标 GB/T 10609.2—2009 推荐了明细栏的格式、尺寸，企业也可以根据自己的需要制定自己的明细栏格式，但一般应参照国标的格式执行。图 6-21 为国标中推荐的零件明细栏的格式之一。有关明细栏的具体规定如下。

- 明细栏一般配置在装配图标题栏的上方,按照由下向上的顺序填写,格数根据需要来定。当位置不够时,可以紧靠在标题栏的左侧自下而上进行延续。
- 当标题栏的上方无法配置明细栏时,可以作为装配图的续页按照 A4 幅面单独画出,其顺序为自上而下延伸,还可以续页。在每页明细栏的下方配置标题栏,在标题栏中填写与装配图中一样的名称和代号。
- 当装配图画在两张以上的图纸上时,明细栏应该放在第一张图纸上。
- 明细栏中的代号项填写图样相应部分的图号或标准件的标准号。部件装配图的图号一般以 00 结束,如 GZ-02-00 表示序号为 2 的部件的装配图图号,GZ-02-01 表示该部件的第一个零件或子部件的装配图图号。

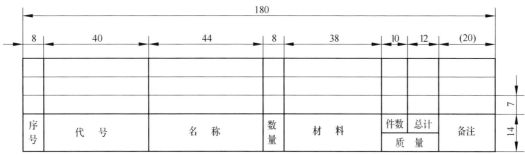

图 6-21　零件明细栏

6.4　识读装配图

识读装配图的目的是从装配图中了解装配部件中各零件的装配关系及工作原理,分析和读懂其中主要零件及其他有关零件的结构形状。识读装配图是工程技术人员必备的一种能力,在设计、装配、安装、调试、技术交流时,都要识读装配图。

识读装配图要求主要做到以下 4 点。

(1)了解装配体各零件的性能、功用与工作原理。

(2)弄清各个零件的作用和它们之间的相对位置、装配关系、连接方式、固定方式及拆装顺序等。

(3)弄懂主要零件的结构形状。

（4）读懂装配部件的尺寸和技术要求。

【实例解读】

下面通过阅读齿轮油泵装配图（见图6-22）来详解识读装配图的方法和步骤。

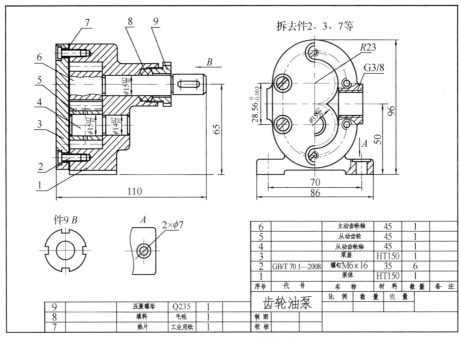

图6-22 齿轮油泵装配图

1. 概括理解装配图

识读装配图，首先从标题栏或说明书中了解装配体的名称，概括地看一看选用的视图和明细栏，大致可以看出装配体各零（部）件的名称、规格、用途、使用性能和繁简程度；然后通过阅读明细栏和零件编号，对零件的名称、数量和它在装配图上的位置有一个概括的了解。

通过阅读齿轮油泵装配图的标题栏和明细栏可知，该装配体为齿轮油泵，是安装在油路中的一种供油装置，由9种（共14个）零件组成，其中有1种零件为6个标准件，标准件的名称规格是螺钉M6×16。

齿轮油泵装配体结构较为简单,其总体尺寸为 110mm×86mm×96mm、规格尺寸为 3/8 英寸。

2. 分析视图表达,弄清视图作用

对视图进行分析,弄清所采用的视图的名称、所运用的表达方法和所表达的重点内容,以及视图间的投影关系。

在齿轮油泵装配图(见图 6-22)中共有四个视图。其中,对主视图进行了全剖视和局部剖视,以表达油泵的外形及齿轮的装配关系;左视图主要表达齿轮油泵的外形和螺钉联接,采用了拆卸画法,并有 1 处进行了局部剖视;A、件 9B 是局部视图,采用了零件的单独表达画法。

3. 明确工作原理,弄清装配关系

对照表达视图仔细研究机器或部件的装配关系和工作原理。弄清运动零件和与非运动零件的相对运动关系,从而对机器或部件的工作原理有所了解。

图 6-23 为齿轮油泵的工作原理图,其工作原理为:主动齿轮逆时针转动,带动从动齿轮顺时针转动,齿轮啮合区右边的容积增大(压力降低),油被吸入进油口,从而进入泵腔内;随着齿轮的转动,齿槽中的油不断沿齿轮运动方向进入左边泵腔内,齿轮啮合使容积减小(压力增高),高压油从出油口送出。

在具体看图时,可从反映装配体主要装配关系的视图开始,根据各运动部分的装配干线,对照各视图的投影关系,从各零件的剖面线方向和密度来分清零件。

根据图 6-22 中的尺寸、配合尺寸和配合代号可得出以下结论。

(1)主要装配干线上有三处配合,次装配干线上有两处配合,两个齿轮面分别与泵体内腔有配合。

(2)在装配图中,尺寸 ϕ14H7/p6、ϕ15H7/f6 是配合尺寸;尺寸 65 是性能尺寸和装配尺寸;尺寸 70 是安装尺寸;尺寸 $28.56_{-0.003}^{0}$ 是定位尺寸;尺寸 110、86、96 是外形尺寸。

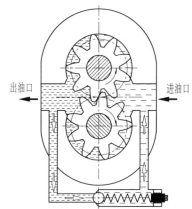

图 6-23 齿轮油泵的工作原理图

(3)在尺寸 ϕ35H7/f6 中,ϕ35 是公称尺寸,H7 是孔公差带代号及等级,f6 是轴公差带代号及等级,它们属于基孔制的间隙配合;ϕ14H7/p6 属于基孔制的过盈配合。

(4)件 7(垫片)的材料是工业用纸,件 8(填料)的材料是毛毡,它们在油泵中起密封作用;件 5(从动齿轮)中间有上、下两个小通孔,起通气作用。

(5)尺寸 G3/8 中的 G 表示非螺纹密封管螺纹,3/8 表示尺寸代号 3/8 英寸。

(6)件 3(泵盖)与件 1(泵体)属于螺钉联结;件 1(泵体)与件 9(压紧螺母)属于螺纹联接。

4. 分析零件，看懂零件结构形状

在看零件结构形状时，一般先从主要零件或容易分离的零件开始，再看次要零件。若主要零件因表达不完整或一时还看不懂，则可先看与它有关的且容易看懂的零件，再看这个主要零件，从而确定该零件的内外结构。

齿轮油泵的装拆顺序为：螺钉M6×16（2）→垫片（7）→泵盖（3）→从动齿轮轴（4）→从动齿轮（5）→填料（8）→压紧螺母（9）→主动齿轮轴（6）。

5. 综合各部分结构，想象总体形状

当看明白各个零件的结构形状后，再去对装配体的运动情况、工作原理、装配关系、拆装顺序等重新进行研究，综合分析各部分的结构，进而想象总体形状（见图6-24），以便加深理解。

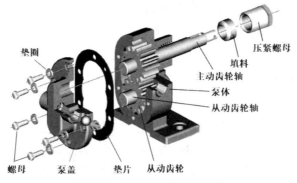

图6-24 齿轮油泵装配效果图

在进行综合归纳时，可对以下问题进行分析。

（1）对反映装配体工作原理的装配关系和各运动部分的动作是否完全看懂了。

（2）是否看懂了全部零件的基本结构形状和作用。

（3）分析所注尺寸在装配图上发挥的作用。

（4）这一装配体是怎样装配起来的，如何把它拆开。

经过以上讨论，就会对装配体各部分的装配关系及总体概念有一个清晰完整的认识。

6.5 装配图绘制实例

设计或测绘装配体都要画装配图。在画装配图时，一般先画装配底图，修改确定后再画出正式装配图。

1. 了解和分析装配体

在画装配图前，需要先对所画装配体的性能、用途、工作原理、结构特征、零件之间的装配和联接/连接方式等进行分析与了解。

2. 选择装配体的表达方案

在对装配体有了充分了解，并对主要装配关系和零件的主要结构完全明确后，就可以运用前面介绍的各种表达方法来选择该装配体的表达方案了。装配图的视图选择原则与零件图的视图选择原则有共同之处，但由于表达内容不同，也有一定的差异。

（1）主视图的选择。

要选好装配图的主视图，应注意以下问题。

- 一般将机器或部件按工作位置或习惯位置进行放置。
- 应选择最能反映装配体的主要装配关系和外形特征的那个视图作为主视图。

（2）其他视图的选择。

主视图选定以后，对其他视图的选择需要考虑以下几点。

- 分析还有哪些装配关系、工作原理及零件的主要结构形状没有表达清楚，进而选择适当的视图和相应的表达方法。
- 尽量用基本视图和在基本视图上进行剖视（包括拆卸画法、沿零件结合面剖切的画法等）来表达有关内容。
- 要注意合理布置视图位置，使图形清晰、布局匀称，以方便看图。

图 6-25 为铣刀头装配图。其中，主视图是按工作位置（也可认为是按习惯位置）选取的，采用全剖视图把铣刀头的主要装配关系和外形特征基本表达出来了；左视图是拆去了带轮等零件画出的。

【实例解读】

表达方案确定后，即可着手画装配图。现以截止阀（见图 6-26）为例来介绍画装配图的方法与步骤。

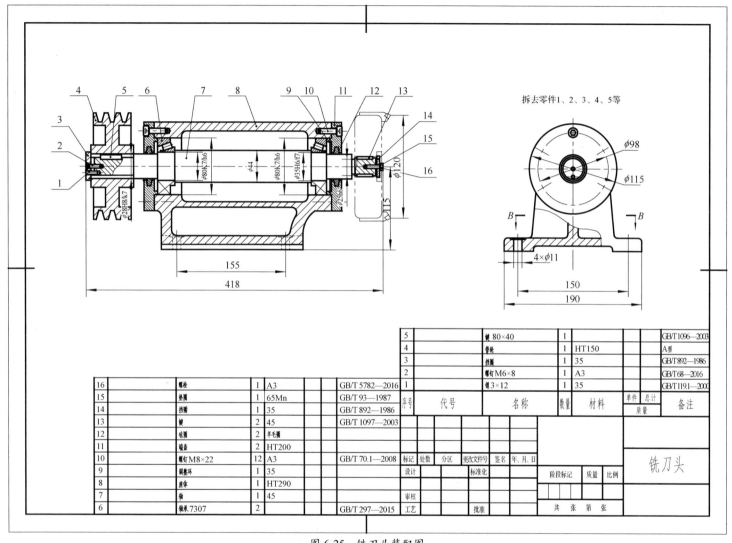

图 6-25　铣刀头装配图

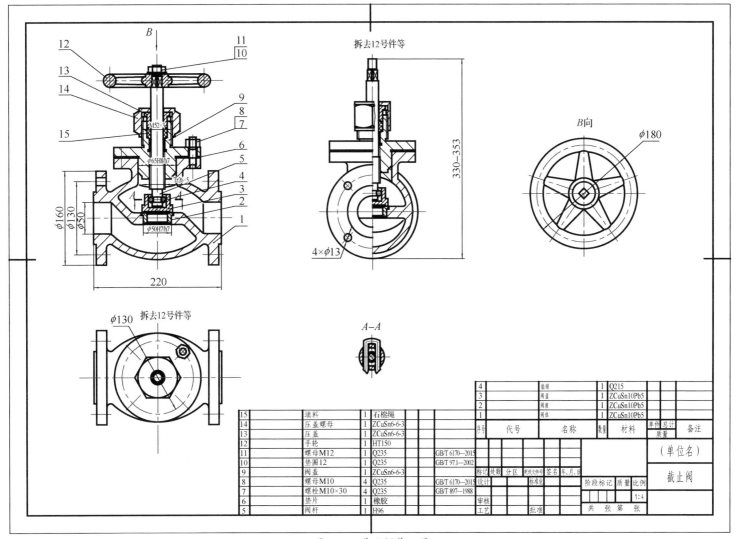

图 6-26　截止阀装配图

(1) 定比例、选图幅，画出作图基准线。

根据装配体外形尺寸的大小和所选视图的数量确定画图比例，选用 A2 标准图幅。在估算各视图所占面积时，应考虑留出标注尺寸、编写序号、画标题栏和明细栏和书写技术要求所需的面积。然后布置视图，画出作图基准线。作图基准线一般是装配体的主要装配干线、主要零件的中心线、轴线及对称中心线。图 6-27 画出了截止阀的作图基准线。

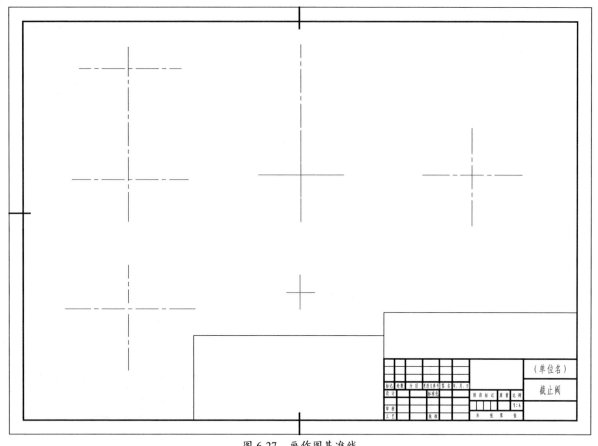

图 6-27　画作图基准线

（2）在基本视图中画出各零件的主要结构部分。

在画主要结构部分时，需要遵循以下处理原则。

① 首先从主视图画起，几个视图配合进行绘制。

② 在各基本视图上，一般先画出壳体或较大的主要零件的外形轮廓，可先简单绘出大体形状，再完善。凡被其他零件挡住的地方均可先不画。如图6-28所示，先画出截止阀的主体三视图。

③ 依次画出各装配干线上的各零件，要保证各零件之间的装配关系正确，再按装配顺序依次画出各零件。

④ 在画剖视图时，要尽量从主要轴线围绕装配干线逐个零件由里向外画。这样可避免将遮住的不可见零件的轮廓线画上去。

⑤ 在各视图中画出装配体的细节部分。如图6-29所示，画出 A-A 断面图，手轮的 B 向视图和螺栓、螺母等细节部分。

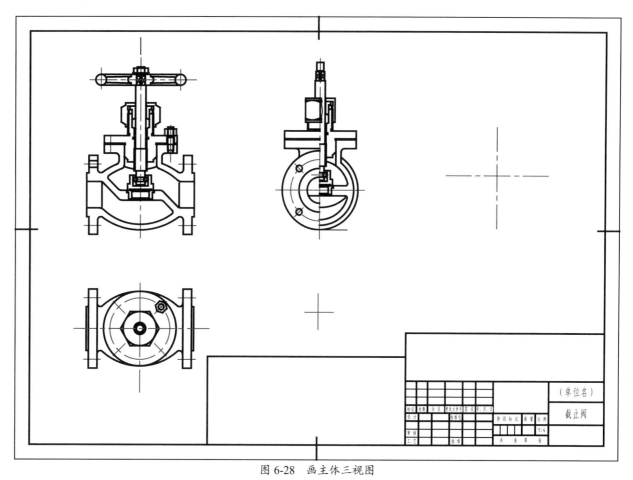

图 6-28　画主体三视图

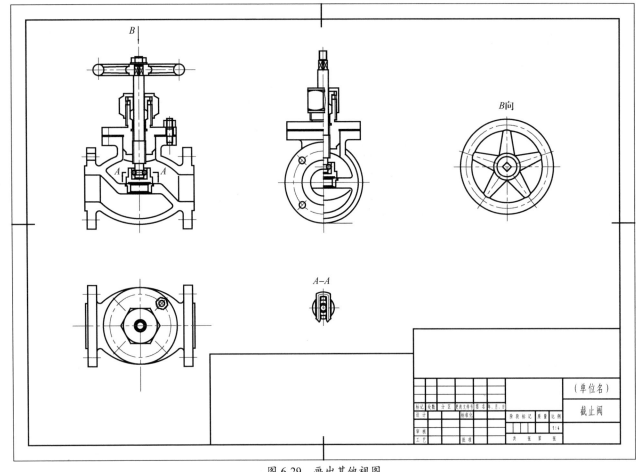

图 6-29 画出其他视图

（3）画标题栏、明细栏，完成全图。

① 将每个零件都画完之后，画出剖面线以完善整个底图，最后检查、校对无误后，描深零件主体轮廓线。

② 注写尺寸和技术要求、编写零件序号、填写标题栏和明细栏等，最后校核完成全图，结果如图 6-30 所示。

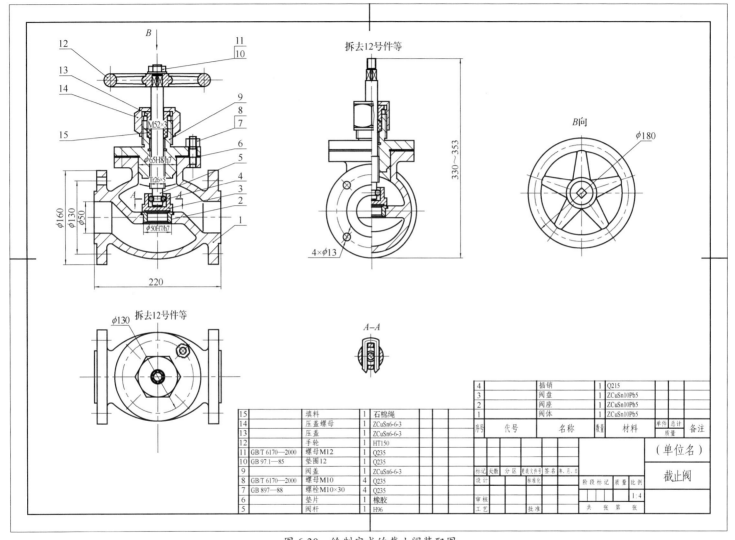

图 6-30 绘制完成的截止阀装配图

6.6 练习题

1. 识读钻模装配图（见图 6-31）

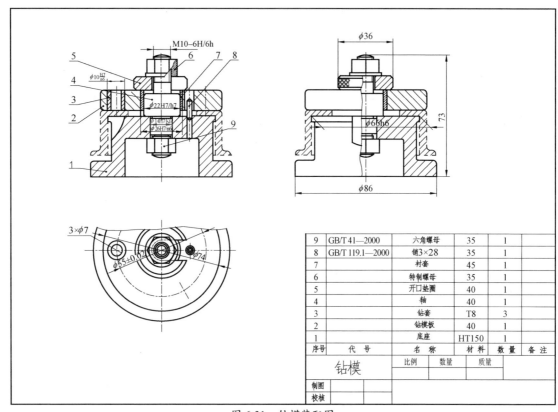

图 6-31　钻模装配图

回答以下问题。

（1）主视图为____剖，左视图为____剖，俯视图是____视图。

（2）件2与件3是____配合，件4与件7是____配合。

（3）为取下工件，应先松件____，再取下件____与件____。

（4）该钻模工件装夹一次能钻____个孔。

（5）装配图中的双点画线表示_____。

（6）钻模的总体尺寸为_____。

（7）与件1相邻的零件有_____（写出件号）。

（8）钻套的主要作用是_____，件7的作用是_____。

（9）拆画件1、2的零件图。

2．识读镜头架装配图（见图6-32）

镜头架为调整镜头焦距的部件，系齿轮、齿条传动机构。

架体1上的大孔$\phi 70$内装有内衬圈2，下部的小孔$\phi 22H8/e7$内装有锁紧套6和调节齿轮5，调节齿轮支承在锁紧套上，并靠固定防止内衬圈2在放映过程中发生位移，还可旋紧锁紧螺母4将镜头锁住。螺钉M3×12轴向定位。

（1）镜头架部件的作用是什么?镜头是如何固定的?又是如何调整焦距使荧幕图像清晰的?

（2）镜头架的性能尺寸是哪个?

（3）指出图中配合尺寸符号的含义。

（4）画出锁紧套6和架体1的零件工作图。

3．识读虎钳装配图

虎钳装配图如图6-33所示。虎钳安装在工作台上，用来夹紧被加工的零件。虎钳的工作原理：装在固定钳座1内的丝杆2只能绕轴线转动，不能进行轴向移动。当丝杆转动时，Tr14×3梯形螺纹传动，此时可移动活动钳体，将零件夹紧、放松。

（1）对于尺寸$\phi 22H8/f7$，其中$\phi 22$是_____，H是_____，8是_____，f是_____，它们是_____制的_____配合。

（2）112是_____尺寸、220是_____尺寸。

（3）要拆下零件2，需先拆下零件_____。

（4）拆画活动钳体3的零件图（不注尺寸）。要求选用合适的表达方法表示形体，标注有公差带代号的尺寸和螺纹代号，其余尺寸与表面粗糙度代号可省略。

(5) 虎钳上哪些表面有配合要求？各属于哪类配合？

(6) 虎钳的总体尺寸是哪些？

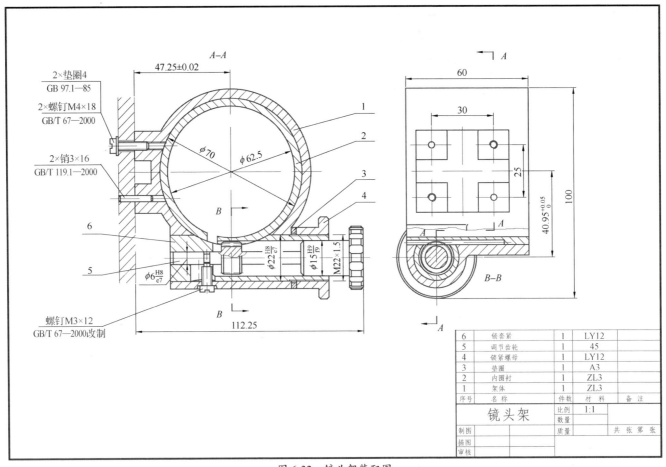

图 6-32　镜头架装配图

第 6 章 识读装配图

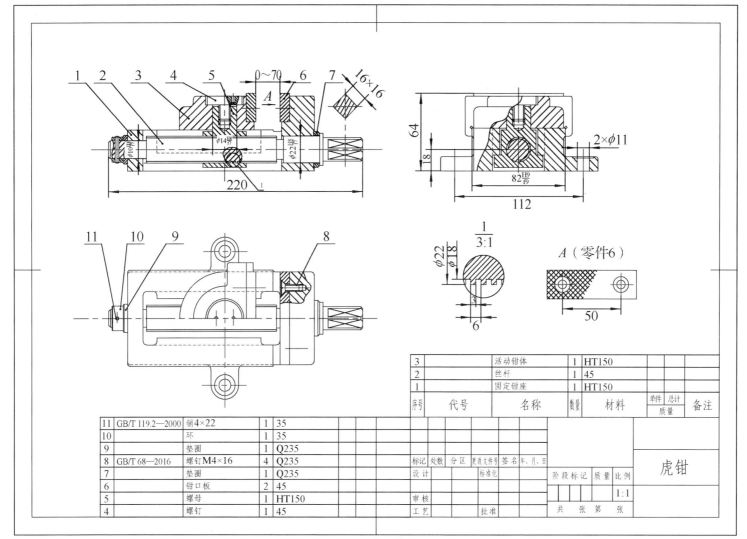

图 6-33 虎钳装配图

第 7 章
绘制零件图

> **本章重点**
> （1）使用 AutoCAD 软件绘制阀体零件图、高速轴零件图和齿轮泵泵体零件图。
> （2）AutoCAD 软件的绘图功能和零件图的绘制步骤。

> **学习目的**
> （1）掌握使用 AutoCAD 软件绘图的相关功能和命令。
> （2）掌握使用 AutoCAD 软件绘制零件图的方法与步骤。

7.1 AutoCAD 2020 绘图软件简介

AutoCAD 是一款大众化的图形设计软件，其中"Auto"是英语单词 Automation 的词头，意思是自动化；"CAD"是英语 Computer Aided Design 的缩写，意思是计算机辅助设计；"2020"表示 AutoCAD 软件的版本号（按照 Autodesk 公司的习惯，新版本上市的年份基本都比版本号表示的年份早一年）。

另外，AutoCAD 早期版本是以版本的升级顺序来命名的，如第一个版本为 AutoCAD R1.0、第二个版本为 AutoCAD R2.0 等，但发展到 2000 年以后，变为以年份作为软件的版本名，如 AutoCAD 2000、AutoCAD 2002、AutoCAD 2004、AutoCAD 2007、AutoCAD 2008、AutoCAD 2009 等，直至目前的 AutoCAD 2020。

7.1.1 AutoCAD 2020 工作界面

AutoCAD 2020 提供了【二维草图与注释】、【三维建模】和【AutoCAD 经典】三种工作空间模式，用户在工作状态下可随时切换工作空间。

在程序的默认状态下，窗口中打开的是【二维草图与注释】工作空间。【二维草图与注释】工作空间的工作界面主要由快速访问工具栏、信息搜索中心、菜单栏、功能区、文件选项卡、绘图区、命令行、状态栏组成，如图 7-1 所示。

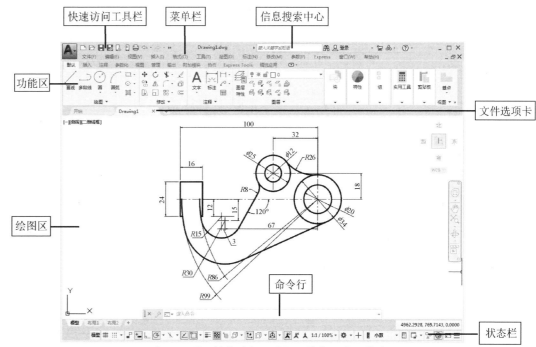

图 7-1 【二维草图与注释】工作空间的工作界面

提示：
　　初始打开 AutoCAD 2020 软件显示的界面为黑色背景，与绘图区的背景颜色一致，如果觉得黑色不美观，则可以通过在菜单栏中选择【工具】|【选项】命令，打开【选项】对话框。然后在【显示】选项卡中设置窗口的配色方案为【明】即可，如图 7-2 所示。

技巧点拨

如果需要设置绘图区的背景颜色，则可以在【选项】对话框的【显示】选项卡中进行颜色设置，如图 7-3 所示。

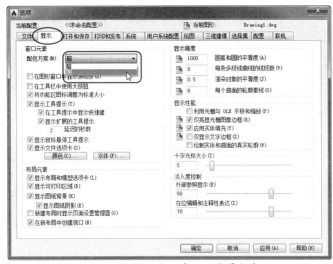
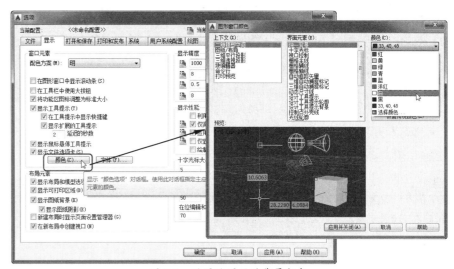

图 7-2　设置功能区窗口的背景颜色　　　　　　　图 7-3　设置绘图区的背景颜色

7.1.2　AutoCAD 机械图纸样板的创建

在用 AutoCAD 绘制机械图样时，应用软件提供的功能与资源为图样的绘制、设计创建一个初始环境，这称为工程图纸的初始化。

1. 图纸样板的作用

初学者学习使用绘图软件的最终目的就是绘制机械图样，图纸样板的使用可以避免许多重复性的工作、提高绘图效率、便于文件的调用和标注、便于图样的标准化，因此在实际绘图过程中，常常将设置的绘图环境创建成图纸样板，使用时调用即可。要绘制部件的装配图和相关零件的一套零件图，创建图纸样板是很有必要的。

AutoCAD 提供了一些标准的样板图形，它们都是以.dwt 为后缀的图形文件，存放在 Template 文件夹中。其中有 6 个是 AutoCAD 基础样板图形，对它们的具体介绍如下。

- acadiso.dwt（公制）：含有【颜色相关】的打印样式。
- acad.dwt（英制）：含有【颜色相关】的打印样式。
- acadiso-named plot styles.dwt（公制）：含有【命名】打印样式。
- acad-named plot styles.dwt（英制）：含有【命名】打印样式。
- acadiso3D.dwt（公制）：含有【颜色相关】的打印样式的 3D 图纸样板。
- acad3D.dwt（英制）：含有【颜色相关】的打印样式的 3D 图纸样板。

2．图纸样板的创建

绘制的机械图都应符合机械制图图样画法相关图标和《机械工程 CAD 制图规则》（GB/T 14665—2012）的规定，下面以制作 A4 图幅的图纸样板为例来说明创建机械图纸样板的步骤。

本例标准机械图纸样板的创建可分为新建图形文件，设置绘图边界，设置常用图层，设置机械图样标注用的字体、字样及字号，绘制图纸边界、图框和标题栏，设置机械图样尺寸标注用的标注样式，高级初始化绘图环境，保存图纸样板几步。

 操作步骤

（1）新建图形文件。

① 单击快速访问工具栏中的 图标，打开【选择样板文件】对话框。通过该对话框选择 acad.dwt 样板文件，并将其打开。

② 在菜单栏中选择【文件】|【另存为】命令，然后在打开的【图形另存为】对话框中以.dwt 格式保存命名为"A4 机械图纸样板"的样板，如图 7-4 所示。

③ 随后程序弹出【样板选项】对话框，保留默认的说明及测量单位，单击【确定】按钮，完成新样板文件的创建。

图 7-4 创建样板文件

（2）设置绘图边界。

① 在快速访问工具栏上单击鼠标右键，然后在弹出的快捷菜单中选择【显示菜单栏】选项，将菜单栏打开。

② 在菜单栏中选择【格式】|【图形界限】命令，然后按命令行的提示进行操作：

命令：_limits
设置模型空间界限：
指定左下角点或 [开(ON)/关(OFF)] <0.0000,0.0000>：↙
指定右上角点 <420.0000,297.0000>：210,297↙   //指定界限的右上角点

③ 打开栅格开关，设置的绘图图限如图 7-5 所示。

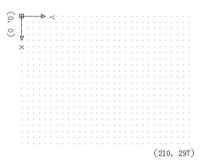

图 7-5 竖放的 A4 图限

第 7 章 绘制零件图

（3）设置常用图层。

根据 CAD 制图标准，参照表 7-1 中所列的至少 9 个图层和相应的线型建立常用的图层。

表 7-1 常用图层

图 层 名	线 型	颜 色	线宽/mm
粗实线	Continuous	绿	0.3
细实线	Continuous	白	0.15
虚线	Acad-iso02w100	黄	0.15
点画线	Center	红	0.15
细双点画线	Acad-iso05w100	粉红	0.15
尺寸标注	Continuous	白	0.15
剖面符号	Continuous	白	0.15
文本	Continuous	白	0.25
图框、标题栏	Continuous	绿	0.25

① 在菜单栏中选择【工具】|【选项板】|【图层】命令，打开【图层特性管理器】选项板。

② 在该选项板上创建 9 个新图层，并按表 7-1 中的图层名、线型、颜色及线宽分别进行定义，如图 7-6 所示。

③ 完成图层的创建后关闭该选项板。

图 7-6 创建图层

> 注意：图层名也可以更换为便于区别的其他名字，如粗实线层可以取名为 csx 层；各层的线宽根据表 7.1 中的规定选取其中一组；各种线型的比例值可以根据显示情况进行适当的调整。

（4）设置工程图样标注用的字体、字样及字号。

表 7-2 中给出的字体分别用于尺寸标注、英文书写和标注、中文书写和标注（如技术要求、剖切平面名称、基准名称等）。根据 CAD 制图标准，参照表 7-2 所列的文字样式和相应的字体、字号的规定建立常用的文字样式。

表 7-2 字样设置

字 样 名	字 体		效 果			说　明
	字 体 名	字 体 样 式	字高/mm	宽度比例	倾斜角度/(°)	
GBX3.5	gbeitc.shx	gbcbig.shx	3.5	1	5～12	3.5 号字（直体）
GBTXT		用大字体	0	1	0	用户可自定义高度（直体）
GB3.5	isocp.shx	不用大字体	3.5	0.7	0	字母、数字（斜体）
工程图汉字	仿宋 GB2312	—	5	0.7	0	汉字用（直体）

① 在菜单栏中选择【格式】|【文字样式】命令，打开【文字样式】对话框。然后在该对话框中单击【新建】按钮，弹出【新建文字样式】对话框，在【样式名】文本框中输入"工程图文字"，如图 7-7 所示，再单击【确定】按钮，关闭【新建文字样式】对话框。

② 在【字体名】下拉列表中选择【仿宋_GB2312】字体（不要选成【@仿宋_GB2312】字体），在【高度】数值框中设置高度值为 0.0000，在【宽度因子】数值框中设置宽度因子值为 0.7000，其他选项使用默认值，如图 7-8 所示。

图 7-7　【新建文字样式】对话框

图 7-8　设置并创建工程图文字样式

> 提示：
> 工程图文字样式用于在工程图中注写符合国家技术标准规定的汉字（长仿宋体），如技术要求、标题栏、明细栏等。

③ 同理，继续通过【新建文字样式】对话框创建GBX35文字样式，其创建过程同上，不同之处在于：选择【gbeitc.shx】字体，勾选【使用大字体】复选框，并在【大字体】下拉列表中选择【gbcbig.shx】选项，在【宽度因子】数值框中设置宽度因子值为1.0000，其他选项使用默认值，如图7-9所示。

图7-9 设置创建的GBX35文字样式

> 提示：
> GBX35文字样式用于控制工程图中所标注的尺寸数字和注写的其他数字、字母，使所注数字符合国家技术制图标准。

④ 单击【应用】按钮，保存样式。最后单击【关闭】按钮，关闭【文字样式】对话框。

（5）绘制图纸边界、图框和标题栏。

画好图纸边界、图框和标题栏，用建好的文字样式填写标题栏中相关的不变文字，如图7-10所示。

（6）设置机械图样尺寸标注用的标注样式。

AutoCAD中默认的标注样式为ISO-25，不符合国标中有关尺寸标注的规定。为此，应先设置好标注样式。如果图形简单，尺寸类型单一，则只需设置一种标注样式即可；如果图形较复杂，尺寸类型或标注形式变化多样，则应设置多种标注样式。

通常，根据机械图尺寸标注的需要，需要建立以下几种标注样式：机械图尺寸通用样式、角度尺寸样式、直径或半径尺寸样式、公差-对称、公差-不对称等。

① 在菜单栏中选择【格式】|【标注样式】命令，弹出【标注样式管理器】对话框。

② 单击【新建】按钮，弹出【创建新标注样式】对话框，在该对话框中输入新的样式名（GB），然后单击【继续】按钮，如图 7-11 所示。

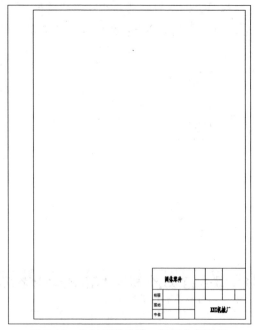

图 7-10　绘制图纸边界、图框和标题栏

图 7-11　创建 GB 标注样式

③ 程序弹出【新建标注样式:GB】对话框，如图 7-12 所示，在该对话框中进行如下设置。

- 在【线】选项卡的【尺寸线】选区中将基线间距设为 8；在【延伸线】选区中将超出尺寸线设为 2.25，起点偏移量设为 2。
- 在【符号和箭头】选项卡的【箭头】选区中将箭头类型设为 4；在【圆心标记】选区中选中【无】单选按钮。
- 在【文字】选项卡的【文字外观】选区中将文字样式设为 GBX35（已预设），将文字高度设为 3.5（或 5）；在【文字位置】选区中将【垂直位置】选项设为【上】；在【文字对齐】选区中选中【与尺寸线对齐】单选按钮。

注意：对于角度尺寸样式，在【文字位置】选区中，要将【垂直位置】设置为【外部】，在【文字对齐】选区中要选中【水平】单选按钮。

- 在【调整】选项卡的【优化】选区中勾选【在延伸线之间绘制尺寸线】复选框。
- 在【主单位】选项卡中，将线性标注、角度标注的单位格式分别设为小数和十进制度数，通用尺寸的小数精度为 0.00，小数分隔符为"."，其他选项保持默认设置。

图 7-12　设置 GB 标注样式

注意：要设置用于在非圆视图上标注直径的尺寸样式，需要在【前缀】文本框中输入直径符号的控制码【%%C】，以便用该样式标注的所有尺寸数值前都带有 ø。

- 【换算单位】选项卡用来设置换算单位的格式和精度，以及尺寸数字的前、后缀。该选项卡在特殊情况下才使用，在不设置换算单位的情况下，它通常处于隐藏状态。
- 【公差】选项卡用来控制尺寸公差标注形式、公差值大小、公差数字的高度和位置。通用尺寸样式 GB 不用来标注尺寸公差，因此在【方式】下拉列表中选择【无】选项，其他项无须设置。

注意：根据公差标注需要，还需要建立公差-不对称和公差-对称两种样式。

④ 最后单击【新建标注样式】对话框中的【确定】按钮，完成对 GB 标注样式的设置。

技巧点拨

鉴于样式的设置过程烦琐，这里仅介绍 GB 标准样式的设置方法，其余样式均可参照此方法进行设置。

⑤ 在【标注样式管理器】对话框中单击【新建】按钮，然后在弹出的【创建新标注样式】对话框中输入新样式名（公差-不对称样式），并单击【继续】按钮，如图 7-13 所示。

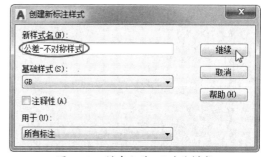

图 7-13　创建公差-不对称样式

⑥ 在随后弹出的【新建标注样式:公差-不对称样式】对话框中的【公差】选项卡中，进行如下设置。
- 将【方式】选项设置为【极限偏差】，精度的保留位数与公差值中的小数点后位数一致。将【换算单位公差】选区中的【精度】选项设置为 0.000，表明保留 3 位小数。
- 在【上偏差】数值框中可随意输入一个值，默认状态是正值，若输入负值，则应在数字前输入负号。
- 在【下偏差】数值框中可随意输入一个值，默认状态是负值，若输入正值，则应在数字前输入负号。
- 【高度比例】数值框用来设定尺寸公差数字的高度，一般设为 0.7，使公差数字比尺寸数字小一号。
- 在【垂直位置】下拉列表中选择【下】选项，使尺寸公差数字底部与公称尺寸底部对齐。

⑦ 其余选项卡中的设置可参考前面的 GB 标注样式的设置。如图 7-14 所示，在设置完成后单击【确定】按钮。

⑧ 单击【标注样式管理器】对话框中的【新建】按钮，然后在弹出的【创建新标注样式】对话框中输入新样式名（公差-对称样式），并单击【继续】按钮，如图 7-15 所示。

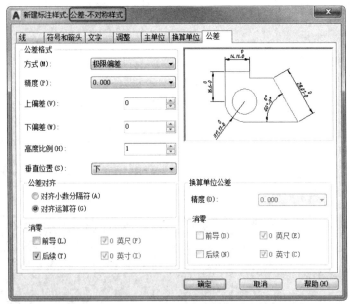

图 7-14 设置公差-不对称样式标注样式

图 7-15 创建公差-对称样式

⑨ 在弹出的【新建标注样式:公差-对称样式】对话框的【公差】选项卡中进行如下设置。
- 在【方式】下拉列表中选择【对称】选项，精度的保留位数与公差值中的小数点后位数一致。
- 在【上偏差】数值框中可随意输入一个正值；将高度比例设为1，使尺寸公差数字高度与公称尺寸数字高度相等；在【垂直位置】下拉列表中选择【下】选项。
- 其余选项卡的设置可参考前面的GB标注样式的设置。如图7-16所示，在设置完成后单击【确定】按钮。

图7-16 设置公差-对称样式标注样式

- 同理，继续其他标注样式的创建，最后单击【标注样式管理器】对话框中的【关闭】按钮，完成所有标注样式的创建，如图7-17所示。

（7）高级初始化绘图环境。

用【选项】对话框修改系统的一些默认配置选项，如圆弧显示精度、右键功能、线宽显示比例等，对绘图环境进行高级初始化；还可对常用的辅助绘图模式进行设置，包括栅格间距、对象追踪特征点、角增量等。

(8)保存图纸样板。

单击快速访问工具栏上的🖫图标,保存样板文件。

若需要创建 A0、A1、A2 和 A3 等其他图幅的样板图,则可以在此基础上快速地创建出来。例如,要创建 A3 图幅的图纸样板,选取已建好的【A4 机械图纸样板】建一个新图,则新图中包含【A4 机械图纸样板】的所有信息。通过 Limits 命令,输入右上角点坐标(420,297),此时图形界限就变为 A3 的图幅大小(打开栅格即可验证)了,如图 7-18 所示。但其中边框、图框大小没有改变。此时需要用编辑命令 Scale 将它们(不包括标题栏)放大。

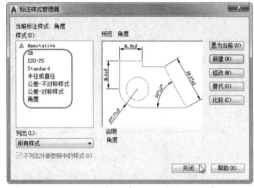

图 7-17 完成所有标注样式的创建

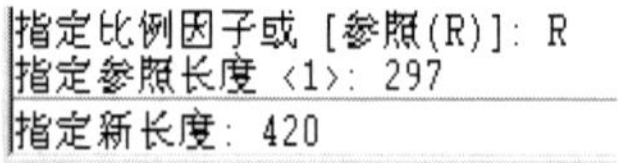

图 7-18 变 A4 图幅为 A3 图幅

改变边框和图框的具体操作方法是:在指定比例因子时用【参照】选项,参照长度设为 297(长边)或 210(短边),新长度设为对应的 420 或 297,此时边框和图框就符合 A3 的图幅了,其他都不必改变,即完成创建。

7.2 绘制阀体零件图

阀体零件在零件分类中属于箱壳类零件,其结构形状比较复杂。在图 7-19 中,选用主视图、俯视图、左视图三个视图来表达该阀体零件。其中,主视图按工作位置放置,为了反映内部孔及阀门的结构,采用了单一全剖视图;俯视图和左视图为基本视图,反映了阀体零件的结构特征;为了表达安装销钉孔的结构,在左视图上采用了局部剖视图。

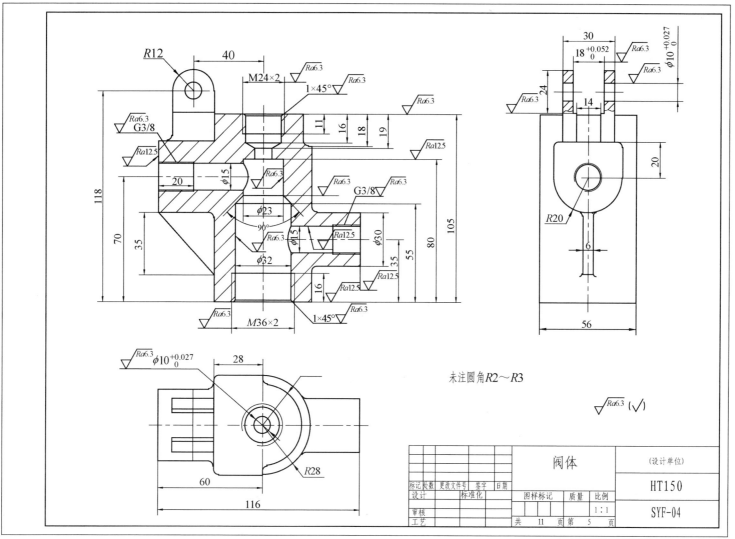

图 7-19 阀体零件图

操作步骤

1. 创建图层、图框和标题栏

① 设置图纸幅面：A3（尺寸为420mm×297mm），比例为1:1。

② 根据需要绘制图线，创建好图层，如图7-20所示。

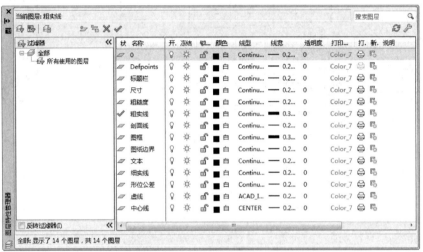

图7-20　创建图层

③ 创建"汉字"和"数字和字母"文字样式。

④ 创建"直线"标注样式和"圆和圆弧引出"标注样式。

⑤ 将【图纸边界】层置为当前层，执行【矩形】命令，绘制420mm×297mm的图纸边界。

⑥ 将【图框】层置为当前层，执行【矩形】命令，绘制390mm×287mm的图框。

⑦ 将【标题栏】层置为当前层，执行【直线】命令，绘制标题栏，如图7-21所示。

> 提示：
> 在绘制图框和标题栏时，为了方便，可以打开栅格功能。

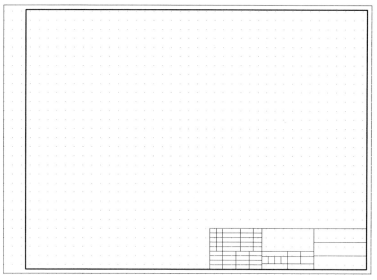

图 7-21 绘制图框和标题栏

⑧ 将【文本】层置为当前层,选取【文字】工具栏上的【多行文字】或【单行文字】工具,填写标题栏,如图 7-22 所示。

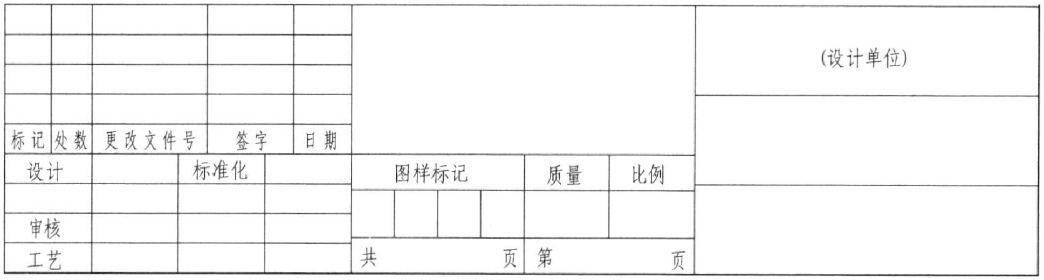

图 7-22 填写标题栏

⑨ 执行【创建块】命令,创建 "A3 图纸" 块,设置结果如图 7-23 所示。

提示:
块的插入点为图纸边界左下角,即原点。

2. 绘制主视图

① 将【中心线】层置为当前层，执行【直线】命令，画出基准线，如图 7-24 所示。

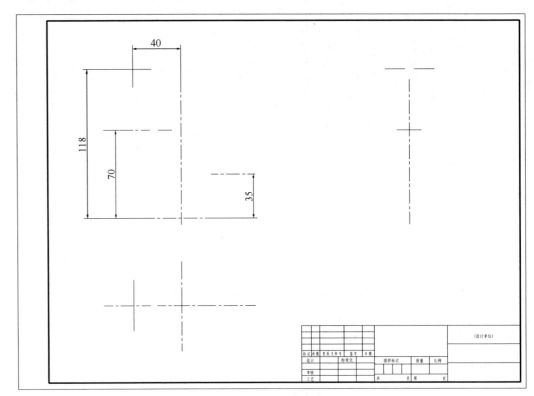

图 7-23　创建"A3 图纸"块

图 7-24　绘制基准线

② 单击【标准】工具栏上的 图标，局部放大主视图部分。

③ 执行【偏移】命令，偏移复制出如图 7-25 所示的直线。

④ 选中刚刚偏移复制的直线，在【图层】工具栏中选择图层为【粗实线】，按 Esc 键，取消对直线的选择，将该部分直线置于【粗实线】层中。

⑤ 执行【修剪】命令，修剪多余直线，同时删除偏移线，效果如图 7-26 所示。

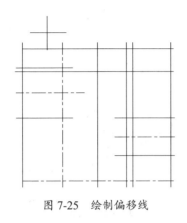

图 7-25　绘制偏移线

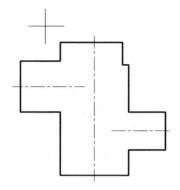

图 7-26　修剪图线后的效果

⑥ 执行【偏移】和【修剪】命令，绘制出如图 7-27 所示的内部轮廓线，同时删除偏移线。

⑦ 使用【直线】工具绘制出肋、退刀槽线和螺纹线，将肋和退刀槽线置于【粗实线】层，将螺纹线置于【细实线】层，效果如图 7-28 所示。

提示：
螺纹线也可以通过偏移的方法来完成。

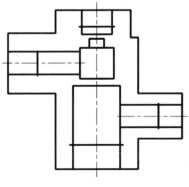

图 7-27　绘制内部轮廓线

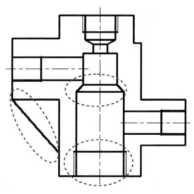

图 7-28　绘制肋、退刀槽线和螺纹线

⑧ 设置当前图层为【粗实线】层，选择【圆】命令，绘制出图中的圆。

⑨ 执行【直线】命令，启动捕捉到切点功能，作垂线与直线相交，如图 7-29 所示。

⑩ 单击图标，修剪多余的线，效果如图 7-30 所示。

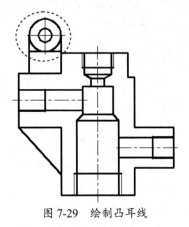

图 7-29 绘制凸耳线　　　　　　　　　　　　　图 7-30 修剪凸耳线

⑪ 执行【圆角】命令，对图形进行圆角处理。圆角的半径为 3mm，效果如图 7-31 所示。

⑫ 执行【延伸】命令，对图线进行延伸处理，如图 7-32 所示。

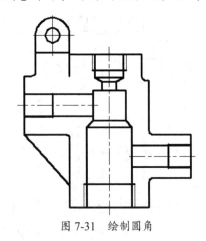 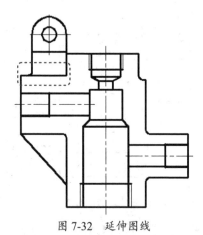

图 7-31 绘制圆角　　　　　　　　　　　　　图 7-32 延伸图线

⑬ 执行【倒角】命令，对图形进行倒角处理，倒角距离为1mm，如图7-33所示。

⑭ 执行【圆弧】命令，绘制图中的相贯线，并对多余的直线进行修剪，如图7-34所示。

提示：
如果要精准绘制相贯线，则在主视图中先不画出，待左视图和俯视图中的孔轮廓绘制完成后，再将其投影到主视图中，即可获得准确的相贯线。

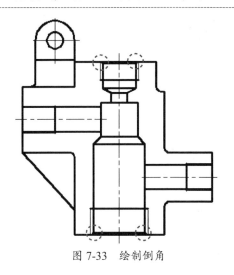

图7-33 绘制倒角

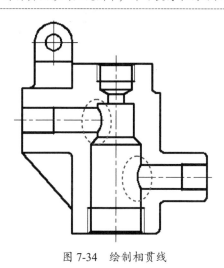

图7-34 绘制相贯线

⑮ 使用相同的方法绘制出另一条相贯线，近似圆弧的半径为23/2。

3．绘制左视图

左视图中的图形左右对称，因此可以先绘制出一半轮廓线，再通过镜像完成图形的绘制。

① 依照长对正、高平齐、宽相等的投影规律，执行【直线】命令，先将主视图中的反映零件高度的轮廓和左侧表达零件轮廓的线交点投影到左视图中，从而确定左视图零件的高度方向上的轮廓线位置，如图7-35所示。

② 依据图7-19中的尺寸，确定阀体零件的宽度，执行【直线】命令，绘制表达零件外形与内部结构宽度的轮廓线，如图7-36所示。

③ 分别执行【圆】、【圆弧】和【圆角】命令，绘制左视图中的表达结构的圆角、圆弧轮廓线和螺纹线（3/4）圆弧，如图7-37所示，并将3/4圆弧置于【细实线】层。

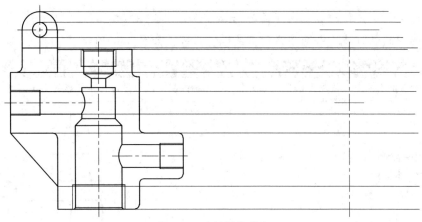

图 7-35 画投影轮廓线

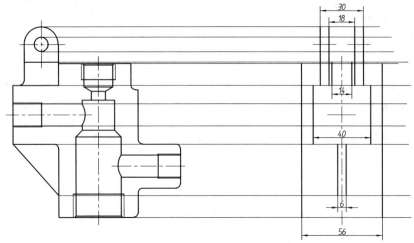

图 7-36 绘制表达零件外形与内部结构宽度的轮廓线

④ 执行【裁剪】命令并按 Enter 键,修剪多余曲线,描深部分轮廓线,如图 7-38 所示。

⑤ 选择【样条曲线拟合】命令,在左视图中绘制局部剖视图,并填充剖面线,以此得到完整的左视图,如图 7-39 所示。

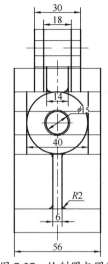
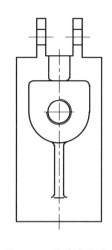
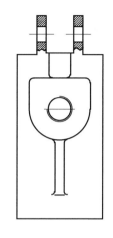

图 7-37　绘制圆与圆弧　　　　图 7-38　修剪多余曲线　　　　图 7-39　绘制局部剖视图

4．绘制俯视图

① 执行【圆】命令，启动捕捉到交点功能，绘制圆。

② 执行【圆弧】命令，绘制半圆弧和 3/4 圆弧，如图 7-40 所示，并将 3/4 圆弧置于【细实线】层。

③ 执行【偏移】命令，偏移复制出如图 7-41 所示的直线。

④ 执行【直线】命令，启动极轴和对象追踪功能，对象捕捉设为捕捉到最近点和捕捉到交点，用长对正、高平齐、宽相等的投影规律绘制如图 7-42 所示的半边轮廓线，并删除偏移线。

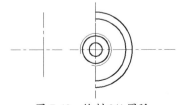
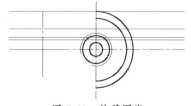
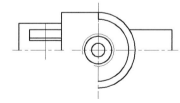

图 7-40　绘制 3/4 圆弧　　　　图 7-41　偏移图线　　　　图 7-42　绘制半边轮廓线

⑤ 执行【镜像】命令，镜像绘出轮廓线，如图7-43所示。

⑥ 执行【圆角】命令，完成俯视图上的圆角，如图7-44所示。

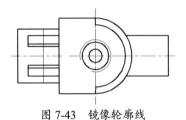

图7-43　镜像轮廓线　　　　　　　　　　　　　　　　　　　图7-44　绘制圆角

⑦ 在【原点】组中单击【居中】按钮，并在【特性】组中将【角度】设置为【30】，如图7-45所示。

图7-45　【图案填充创建】选项卡

⑧ 指定需要填充的区域，绘制出剖面线，完成的阀体零件表达方案的绘制效果如图7-46所示。

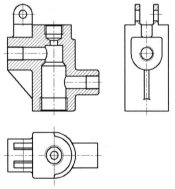

图7-46　完成的阀体零件表达方案的绘制效果

第7章 绘制零件图

> **提示：**
> 根据机械制图标准，对于带有螺纹的剖面线，应该将其绘制在粗实线处。

5．标注尺寸

① 将【尺寸】层置为当前图层，将直线标注样式置为当前样式，以标注线性尺寸，如图 7-47 所示。

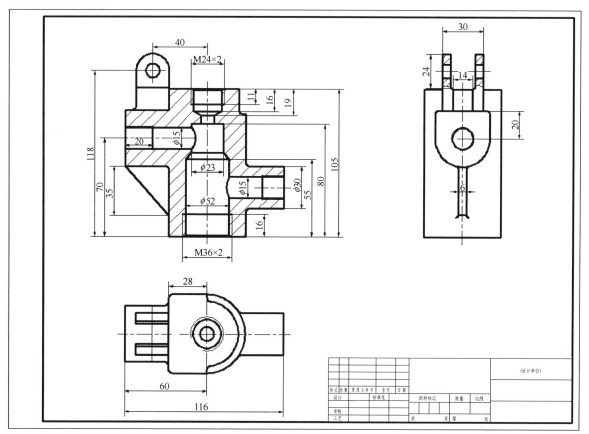

图 7-47 用直线标注样式标注线性尺寸

② 将圆和圆弧引出标注样式置为当前样式，以标注圆弧尺寸和角度尺寸，如图7-48所示。

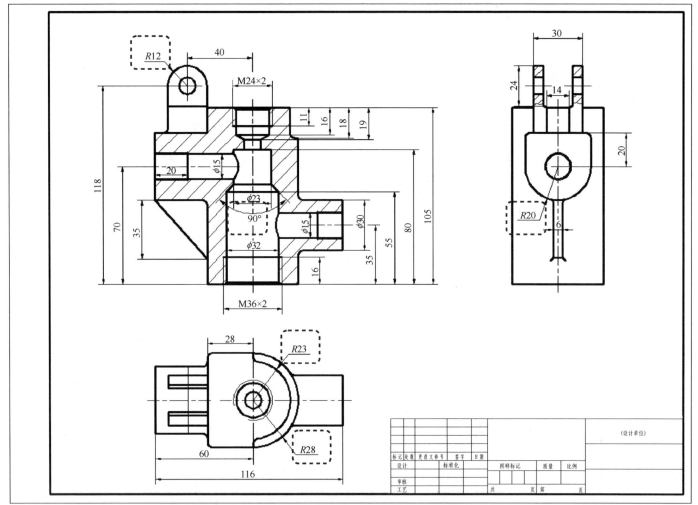

图7-48　用圆和圆弧引出标注样式标注圆弧尺寸和角度尺寸

③ 用多重引线标注样式标注螺纹尺寸和倒角尺寸，如图 7-49 所示。

④ 应用样式替代方式标注带有公差的尺寸，如图 7-50 所示。

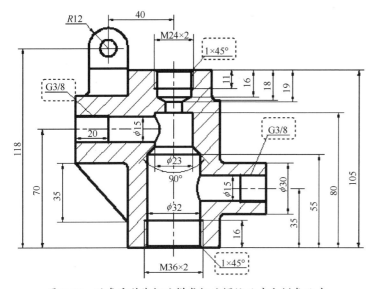

图 7-49 用多重引线标注样式标注螺纹尺寸和倒角尺寸

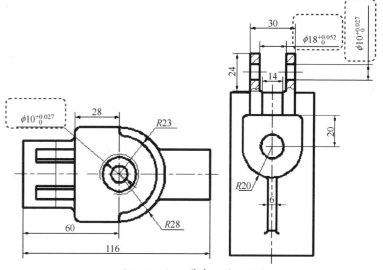

图 7-50 标注带有公差的尺寸

⑤ 绘制表面粗糙度图形符号并添加文字，如图 7-51 所示。

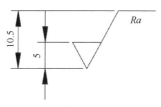

图 7-51 绘制表面粗糙度图形符号

提示：

表面粗糙度图形符号的画法如图 7-52 所示，表 7-3 列出了图形符号的尺寸。

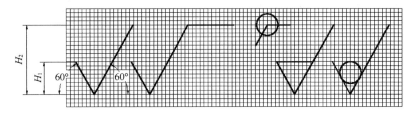

图 7-52 表面粗糙度图形符号的画法

表 7-3 图形符号的尺寸

单位：mm

数字与字母的高度 h	2.5	3.5	5	7	10	14	20
高度 H_1	3.5	5	7	10	14	20	28
高度 H_2（最小值）	7.5	10.5	15	21	30	42	60

注：H_2 的值取决于标注内容。

⑥ 在菜单栏中执行【绘图】|【块】|【定义属性】命令，定义块的文字属性，然后将定义的属性值放置在轮廓算术平均偏差 Ra 的右边，如图 7-53 所示。

图 7-53 定义块的文字属性

⑦ 执行【block】命令，弹出【块定义】对话框，拾取表面粗糙度符号顶点为基点，选取所有图形和文字为块对象，如图7-54所示，然后单击【确定】按钮将符号定义成块。

图 7-54 块定义

⑧ 执行【插入块】命令，在三个视图上标注表面粗糙度，完成阀体零件图的绘制。

提示：
由于定义了属性，所以在插入块时会提示输入表面粗糙度值。

7.3 绘制高速轴零件图

本节以一个高速轴的绘制为例来讲解机械零件中零件轴的绘制。其中，高速轴采用的是齿轮轴设计，如图7-55所示。高速轴为回转体，采用一个主视图和键槽的移出断面图就可以完全表达出它的外形与结构了。

通过AutoCAD的镜像操作，可先绘制一半的轮廓，然后镜像获得另一半轮廓，使绘图变得简单。

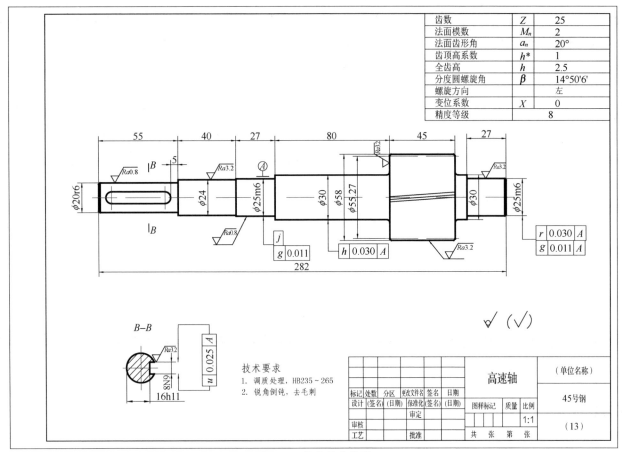

图 7-55　高速轴零件图

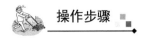操作步骤

1. 绘制轴轮廓

① 设置好绘图的环境，包括将图幅设置为 A3，设置绘图比例为 1:1，创建汉字、数字与字母文本样式，创建直线标注样式，创建图层，

绘制图框和标题栏等，图7-56为创建好的图层效果。

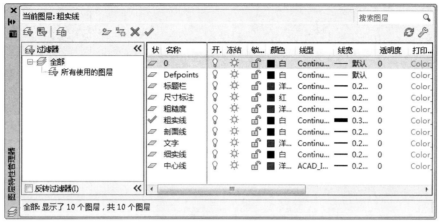

图7-56 创建好的图层效果

> 提示：
> 可以将阀体零件文件另存为一个副本，然后删除其中的阀体图形，这样就省去了绘图环境的重复设置。

② 设置【中心线】层为当前层，执行【直线】命令，绘制一条中心线。

③ 设置【粗实线】层为当前层，执行【直线】命令，绘制一条竖直线；然后执行【偏移】命令，经过多次偏移操作得到各条直线，如图7-57所示。

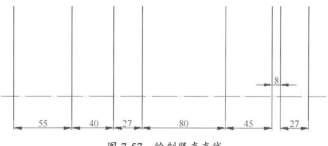

图7-57 绘制竖直直线

④ 执行【偏移】命令，偏移出水平直线：共有 5 条直线，偏移距离依次为 10、12、12.5、15、29（mm），如图 7-58 所示。

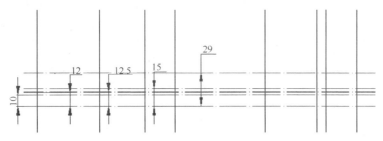

图 7-58　绘制水平直线

⑤ 选中 5 条水平直线，更换它们的图层为【粗实线】层，执行【修剪】命令，先选择所有的竖直线，再修剪竖直线之间的多余线，如图 7-59 所示。

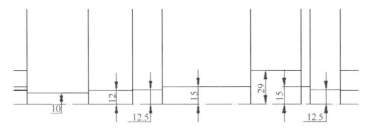

图 7-59　修剪竖直线之间的多余线

⑥ 执行【删除】和【修剪】命令，删除和修剪其余的线，得到如图 7-60 所示的图形。

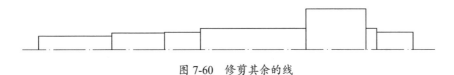

图 7-60　修剪其余的线

⑦ 执行【圆角】命令，绘制圆角；执行【倒角】命令，绘制倒角，如图 7-61 所示。

⑧ 执行【直线】命令，绘制齿轮的分度圆线；执行【倒角】命令，绘制倒角，如图 7-62 所示。

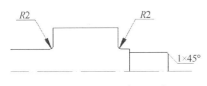

图 7-61 绘制圆角和倒角

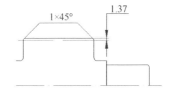

图 7-62 绘制齿轮分度圆线和倒角

⑨ 执行【倒角】命令,绘制出轴左端的倒角;执行【直线】命令,添补直线,如图 7-63 所示。

图 7-63 绘制轴左端的倒角并添补直线

⑩ 执行【镜像】命令,对上半部分进行镜像复制,从而得到整根轴的轮廓,如图 7-64 所示。

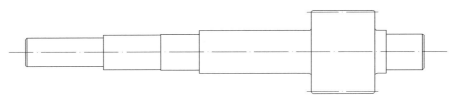

图 7-64 镜像复制图形

> **提示:**
> 在绘制机械图形时,只需利用很简单的绘图命令即可将图形的大体轮廓绘制出来,然后利用局部缩放对一些细节部分进行补充绘制,这样利于图形的整体设计,也能较容易地判断一些细节尺寸的位置,如前面介绍的圆弧与两端倒角的绘制。

2. 绘制键槽及移出断面图

① 局部放大高速轴左端,执行【偏移】命令,进行偏移操作,绘制高速轴左端的 8×45 键槽,偏移尺寸如图 7-65 所示。

② 执行【圆】命令,绘制出两个半径为 4mm 的圆;然后执行【直线】命令,绘制连接两个圆的两条水平切线,如图 7-66 所示。

③ 执行【删除】命令,删除偏移操作绘制的辅助绘制键槽的直线;执行【修剪】命令,修剪圆中多余的半个圆弧;设置【中心线】层

为当前图层,执行【直线】命令,绘制出键槽的中心线,即完成了键槽的绘制,如图 7-67 所示。

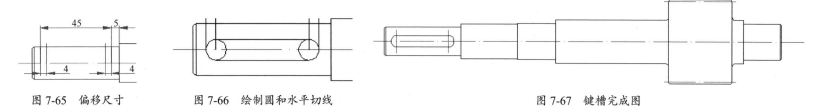

图 7-65 偏移尺寸　　　　图 7-66 绘制圆和水平切线　　　　图 7-67 键槽完成图

④ 如图 7-68 所示,绘制出两条中心线,确定键槽移出断面图的中心位置。
⑤ 执行【圆】命令,绘制 $\phi 20$ 的圆;再执行【偏移】命令,偏移复制出辅助直线,用于绘制键槽部分的图形,如图 7-69 所示。
⑥ 执行【裁剪】命令,修剪多余的线和圆弧。
⑦ 设置【剖面线】层为当前图层,执行【图案填充】命令,对键槽移出断面图进行填充,如图 7-70 所示。
⑧ 为图形添加尺寸标注、公差、表面粗糙度、技术要求等。最后创建图框并绘制标题栏、明细栏,完成高速轴零件图的绘制,结果如图 7-55 所示。

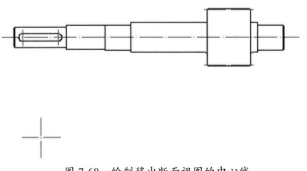 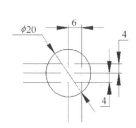 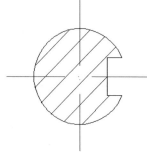

图 7-68 绘制移出断面视图的中心线　　　　图 7-69 绘制圆并偏移复制直线　　　　图 7-70 填充键槽移出断面图

7.4 练习题

1. 绘制轴承挂架零件图

利用零件图读图与识图知识，绘制如图 7-71 所示的轴承挂架零件图。

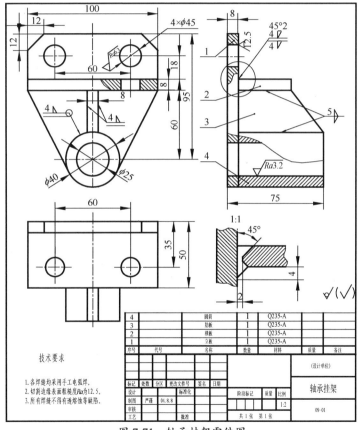

图 7-71 轴承挂架零件图

2. 绘制减速器上箱体零件图

利用零件图读图与识图知识，绘制如图 7-72 所示的减速器上箱体零件图。

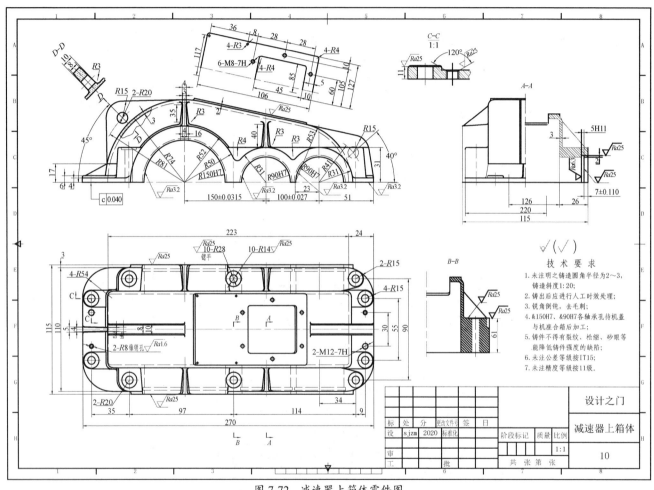

图 7-72　减速器上箱体零件图

第 8 章
绘制装配图

本章重点
（1）使用 AutoCAD 软件绘制球阀装配图和千斤顶装配图。
（2）AutoCAD 软件在装配图中的绘图功能与软件使用技巧。

学习目的
（1）掌握使用软件绘图的相关功能和命令。
（2）掌握使用 AutoCAD 软件绘制装配图的方法与步骤。

8.1 使用 AutoCAD 绘制装配图的方法

使用 AutoCAD 绘制装配图通常采用两种方法：第一种方法是直接利用绘图及图形编辑工具，按手工绘图的步骤，结合对象捕捉、极轴追踪等辅助绘图工具绘制装配图；第二种方法是先绘出各零件的零件图，再将各零件以图块的形式拼装在一起，构成装配图。其中，第一种方法叫直接画法，第二种叫拼装画法。

1. 直接画法

采用直接画法时，需要按照手工画装配图的作图顺序依次绘制各组成零件在装配图中的投影。在画图时，为了方便作图，一般将不同的零件画在不同的图层上，以便关闭或冻结某些图层，使图面简化。由于被关闭或冻结的图层上的图线不能编辑，所以在进行移动等编辑操作前，要先打开或解冻相应的图层。

装配图的直接画法与前面介绍的零件图的画法相同。直接画法（见图 8-1）不但作图过程繁杂，而且容易出错，只能绘制一些比较简单的装配图，因此在 AutoCAD 绘图中一般不采用。

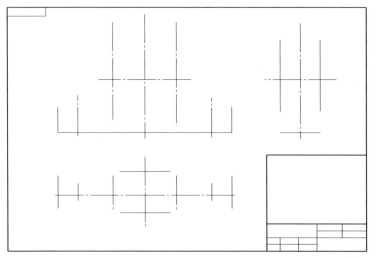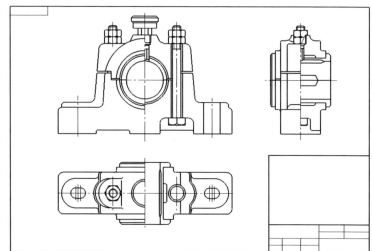

图 8-1 装配图的直接画法

2. 拼装画法

采用拼装画法时,要首先画出各个零件的零件图,然后将零件图定义为图块文件或附属图块,最后用拼装图块的方法拼成装配图,如图 8-2 所示。

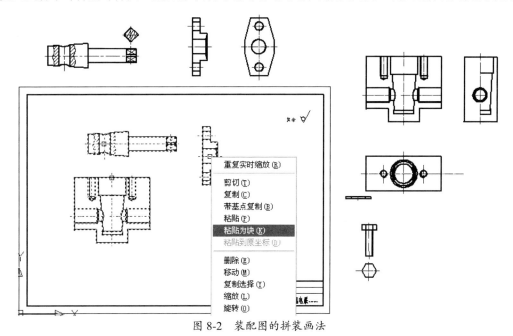

图 8-2 装配图的拼装画法

一般情况下,在 AutoCAD 中,用已绘制好的零件图拼画装配图的方法与步骤如下。

(1)选择视图。

装配图一般比较复杂,与手工画图一样,在画图前要先熟悉机器或部件的工作原理、零件的形状、连接/联接关系等,以便确定装配图的表达方案,选择合适的视图。

(2)确定图幅。

根据视图数量和大小确定图幅。用复制、粘贴的方式,或使用设计中心将图形文件以插入为块的方式把绘制好的所有零件图(最好关闭尺寸标注、剖面线图层)的信息传递到当前文件中。

(3) 确定拼装顺序。

在装配图中，一条轴线被称为一条装配干线。画装配图要以装配干线为单元进行拼装，当装配图中有多条装配干线时，应先拼装主要装配干线，再拼装其他装配干线，相关视图一并进行。对于同一装配干线上的零件，应按定位关系确定拼装顺序。

(4) 定义块。

根据装配图中各个视图的需要，将零件图中的相应视图分别定义为图块文件或附属图块，或者通过快捷菜单中的【带基点复制】和【粘贴为块】工具，将它们转化为带基点的图形块，以便拼装。

> 提示：
> 在定义图块时，必须选择合适的定位基准，以便在插入时进行辅助定位。

(5) 分析零件的遮挡关系。

对要拼装的图块进行细化、修改，或边拼装、边修改。如果拼装的图形不太复杂，那么可以在拼装之后，且不再移动各个图块的位置时，把图块分解，然后统一进行修剪、整理。

> 提示：
> 由于在装配图中一般不画虚线，所以在画图前要尽量分析详尽，分清各零件之间的遮挡关系，并剪掉被遮挡的图线。

(6) 检查错误、修改图形。

在插入零件的过程中，随着插入图形逐渐增多，以前被修改过的零件视图可能又被新插入的零件视图遮挡了，这时就需要重新进行修剪；有时还会由于考虑不周或操作失误等原因引起修剪错误。因此需要仔细检查、周密考虑。

检查错误主要包括以下几点。

- 查看定位是否正确。
- 在查看时，应逐个局部放大以显示零件的各相接部位，查看定位是否正确。
- 查看修剪结果是否正确。

修改插入的零件的视图主要包括以下几点。

- 调整零件表达方案。由于零件图和装配图表达的侧重面不同，所以在两种图样中对同一零件的表达方法不可能完全相同，必要时应当调整某些零件的表达方法，以适应装配图的要求。例如，改变视图中的剖切范围、添加或去除重合断面图等。

- 修改剖面线。在画零件图时，一般不会考虑零件在装配图中对剖面线的要求。因此，在建块时如果关闭了【剖面线】图层，那么此时只需按照装配图对剖面线的要求重新进行填充即可。如果没有关闭图层，已经将剖面线的填充信息带进来了，则要注意修改以下位置的剖面线：螺纹联接处的剖面线要调整填充区域；相邻的两个或多个被剖到的零件，要统筹调整剖面线的间隔或倾斜方向，以适应装配图的要求。
- 修改螺纹联接处的图线。根据内、外螺纹及联接段的画法规定，修改各段图线。
- 调整重叠的图线。在插入零件以后，会有许多重叠的图线。例如，当中心线重叠时，显示或打印的结果将不是中心线，而是实线。因此调整很必要。装配图中几乎所有的中心线都要进行类似的调整，调整的办法可以采用关闭相关图层，删除或使用夹点编辑多余图线。

（7）通盘布局、调整视图位置。

布置视图要通盘考虑，使各个视图既要充分、合理地利用空间，又要在图面上分布恰当、均匀，还要兼顾尺寸、零件编号、技术要求、标题栏和明细栏的填写空间。此时，计算机绘图的优越性就充分地体现出来了，可以随时调用【移动】工具，反复进行调整。

> 提示：
> 在布置视图前，要打开所有的图层；为保证视图间的对应，在移动时要打开正交、对象捕捉、对象追踪等辅助模式。

（8）标注尺寸和技术要求。

标注尺寸和注写技术要求的方法与零件图相同，只是内容各有侧重。分别用【尺寸标注工具条】和【文字注写】（单行或多行）工具来实现。

（9）标注零件序号、填写标题栏和明细栏。

标注零件序号有多种形式，用快速引线工具可以很方便地标注零件的序号。为保证序号排列整齐，可以先画出辅助线，再按照辅助线位置通过【夹点】工具快速调整序号上方的水平线位置及序号的位置。

8.2 绘制球阀装配图

本例以零件图形文件插入的拼装画法来绘制球阀装配图。在绘制装配图前，还需设置绘图环境。若用户在样板文件中已经设置好了图层、文字样式、标注样式及图幅、标题栏等，那么在绘制装配图时，只需直接打开样板文件即可。装配图的绘制分 5 部分来完成：拆画零件图、拼装零件图形、修改图形、编写零件序号和标注尺寸，以及填写明细栏、标题栏和技术要求。

本例球阀装配图绘制完成的效果如图 8-3 所示。

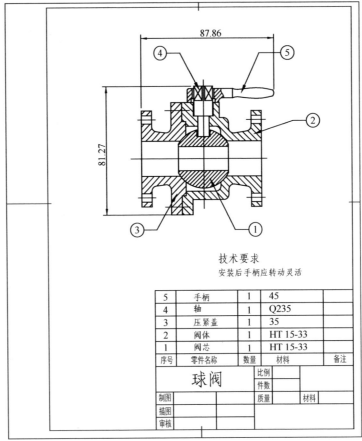

图 8-3 本例球阀装配图绘制完成的效果

8.2.1 拆画零件图

新建 AutoCAD 图形文件，参照前面介绍的零件图的绘制方法，绘制出球阀装配体的各个零件图，如阀体零件图、阀芯零件图、压紧盖零件图、手柄零件图和轴零件图，如图 8-4 所示。

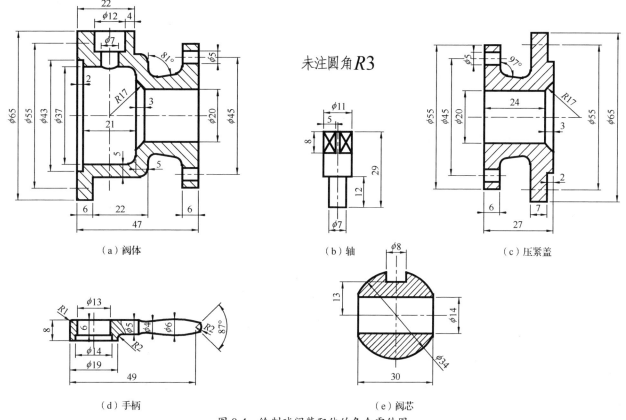

图 8-4 绘制球阀装配体的各个零件图

8.2.2 拼装零件图形

在拼装零件图形时，可按照真实的零件装配顺序来操作。由于在 AutoCAD 中叠加图形时没有置顶和置底的相关命令，所以也可任意选择零件图形进行拼装。

操作步骤

1. 插入零件图形

① 根据图 8-3 绘制 A4 图框与标题栏。

② 首先将绘制的阀芯零件图形平移到 A4 图框中，如图 8-5 所示。

③ 按照同样的操作方法，依次将球阀装配体的其他零件图形插入图框中，结果如图 8-6 所示。

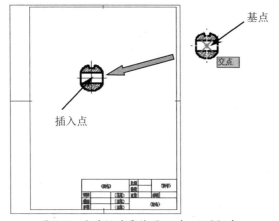

图 8-5　平移阀芯零件图形到 A4 图框中

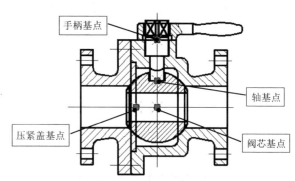

图 8-6　插入球阀装配体的其他零件图形

> 提示：
> 在为其他零件图形指定基点时，最好选择图形中的中心线与中心线的交点或尺寸基准与中心线的交点，以此作为插入基点比较合理，否则还要通过执行【移动】命令来调整零件图形在整个装配图中的位置。

2. 修改图形和填充图案

在装配图中，按零件由内向外的位置关系来观察图形，将遮挡内部零件图形的外部图形的图线删除。例如，阀体的部分图线与阀芯重叠，此时需要将阀体的部分图线删除。

① 使用【分解】工具，将装配图中所有的图块分解成单个图形元素。

② 使用【修剪】工具，对后面装配图形与前面装配图形的重叠部分图线进行修剪，修剪结果如图 8-7 所示。
③ 由于手柄与阀体相连，且填充图案的方向一致，所以可修改其填充图案的角度。双击手柄的填充图案，然后在弹出的【图案填充编辑】对话框中的【图案填充】选项卡下修改填充图案的角度为 0，然后单击【确定】按钮，完成图案的修改，如图 8-8 所示。

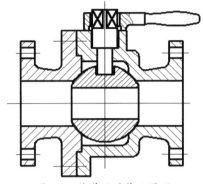
图 8-7 修剪后的装配图形

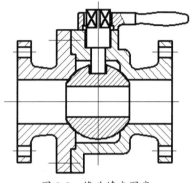
图 8-8 修改填充图案

8.2.3 编写零件序号和标注尺寸

球阀的零件图装配完成后，即可编写零件序号并进行尺寸标注了。装配图尺寸的标注仅仅是标注整个装配结构的总长、总宽和总高。

操作步骤

① 在编写零件序号前，要修改多重引线的样式，以符合要求。在菜单栏中选择【格式】|【多重引线样式】命令，打开【多重引线样式管理器】对话框。
② 单击【多重引线样式管理器】对话框中的【修改】按钮，弹出【修改多重引线样式:Standard】对话框。首先在【内容】选项卡下的【多重引线类型】下拉列表中选择【块】选项；然后在【源块】下拉列表中选择【圆】选项；最后单击【确定】按钮，完成多重引线样式的修改，如图 8-9 所示。
③ 在菜单栏中选择【标注】|【多重引线】命令，按装配顺序依次在装配图中给零件编号，并为装配图标注总体长度和宽度，如图 8-10 所示。

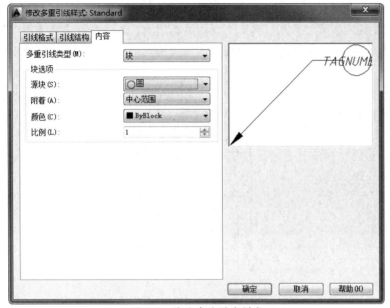

图 8-9 修改多重引线样式

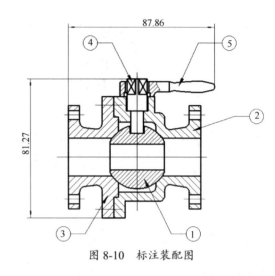

图 8-10 标注装配图

8.2.4 填写明细栏、标题栏和技术要求

按零件序号的多少来创建明细栏表格,然后在表格中填写零件的序号、名称、数量、材料及备注等。在绘制完明细栏后,要为装配图中的图线指定图层,最后填写标题栏及技术要求。最终完成的球阀装配图如图 8-3 所示。

8.3 绘制千斤顶装配图

千斤顶装配体结构比较简单,包括固定座、顶杆、顶杆套和旋转杆。本例利用 Windows 的复制、粘贴功能来绘制千斤顶的装配图。绘制步骤与前面装配图的绘制步骤相同。

8.3.1 绘制零件图并完成图形拼装

新建 AutoCAD 文件，首先绘制 A3 图框。

由于千斤顶的零件较少，所以将千斤顶装配体各零件绘制在一张图纸中，如图 8-11 所示。

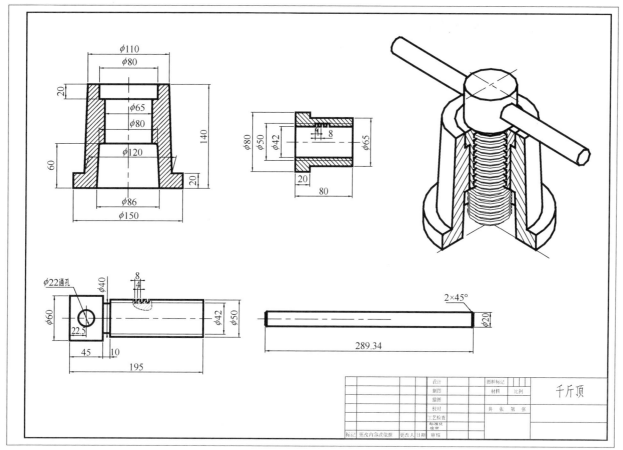

图 8-11　千斤顶零件图

1. 复制、粘贴对象

利用 Windows 的复制、粘贴功能来绘制装配图的过程是：首先将零件图中的主视图复制到剪切板上，然后选择创建好的样板文件并打开，最后将剪切板上的图形用【粘贴为块】工具粘贴到装配图中。

① 绘制 A4 图框（横放）。

② 选中固定座零件图形并按 Ctrl+C 组合键进行复制，然后在图中单击鼠标右键，在弹出的快捷菜单中选择【粘贴为块】选项，如图 8-12 所示。

③ 然后在图纸中指定一合适位置来放置固定座图形，如图 8-13 所示。

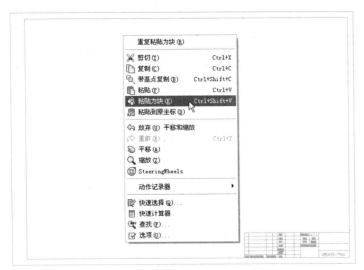

图 8-12　选择【粘贴为块】选项

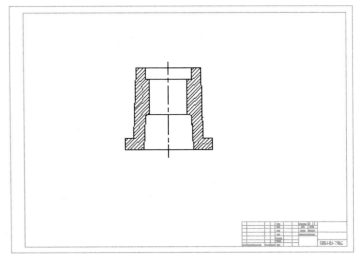

图 8-13　将图形插入为块

技巧点拨

在图纸中可任意放置零件图形，只需执行【移动】命令将图形移动至图纸的合适处即可。

④ 同理，通过菜单栏上的【窗口】命令，将千斤顶零件图打开，并将其他的零件图复制到剪切板上，当图形被粘贴为块时，可被任意

放置在图纸中,如图8-14所示。

⑤ 使用【旋转】和【移动】工具,将其余零件移动到固定座零件上,如图8-15所示。

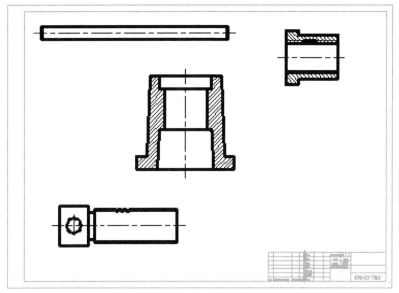

图8-14 任意放置粘贴的块

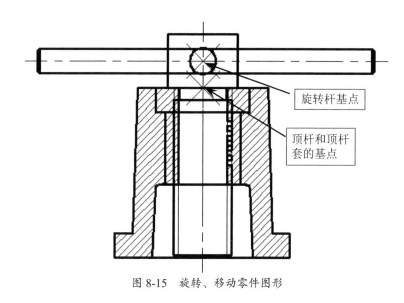

图8-15 旋转、移动零件图形

提示:
在移动零件图形时,移动基点与插入块基点是相同的。

2. 修改图形和填充图案

在装配图中,当外部零件的图线遮挡了内部零件图形时,需要使用【修剪】工具修剪。顶杆和顶杆套螺纹配合部分的线型也要进行修改。另外,装配图中剖面符号的填充方向需要一致,也要进行修改。

① 使用【分解】工具,将装配图中所有的图块分解成单个图形元素。

② 使用【修剪】工具,对后面装配图形与前面装配图形的重叠部分图线进行修剪,结果如图8-16所示。

③ 将顶杆套的填充图案删除，然后使用【样条曲线】工具，在顶杆的螺纹结构上绘制样条曲线，并重新填充 ANSI31 图案，如图 8-17 所示。

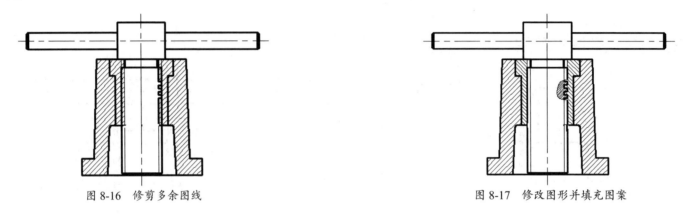

图 8-16　修剪多余图线　　　　　　　　　图 8-17　修改图形并填充图案

8.3.2　编写零件序号和标注尺寸

本例千斤顶装配图零件序号的编写与球阀装配图零件序号的编写是完全一样的，详细过程就不过多介绍了。编写的零件序号和完成标注尺寸的千斤顶装配图如图 8-18 所示。

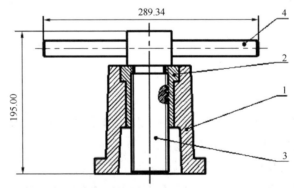

图 8-18　编写的零件序号和完成标注尺寸的千斤顶装配图

8.3.3 填写明细栏、标题栏和技术要求

创建明细栏表格,在表格中填写零件的序号、名称、数量、材料及备注。在绘制完明细栏后,为装配图中的图线指定图层,最后填写标题栏及技术要求,如图 8-19 所示。

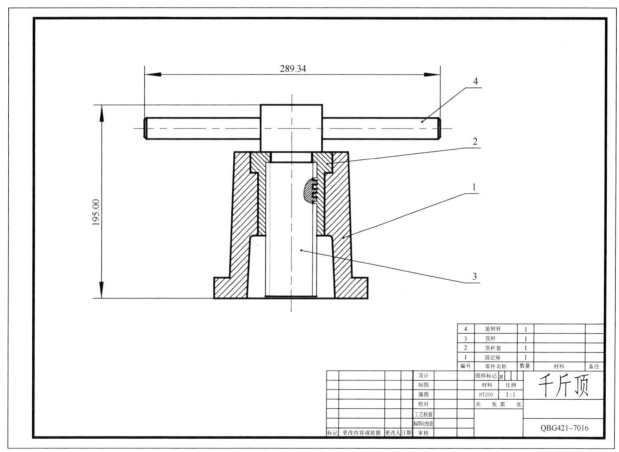

图 8-19 千斤顶装配图

8.4 练习题

利用 AutoCAD 的绘图功能和软件技巧，绘制如图 8-20 所示的齿轮油泵装配图。参考各零件图纸（见图 8-21～图 8-30）绘制装配零件图形，并在一张图纸中进行装配。

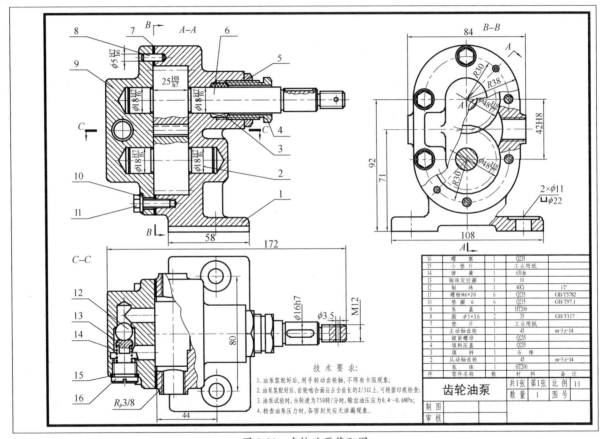

图 8-20　齿轮油泵装配图

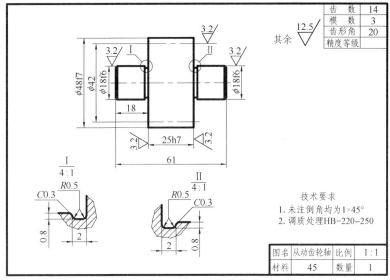

图 8-21 从动齿轮轴

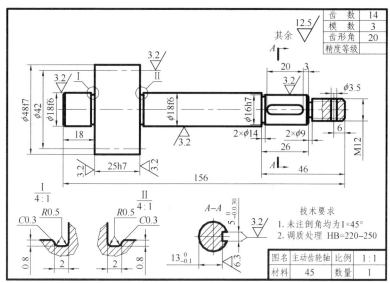

图 8-22 主动齿轮轴

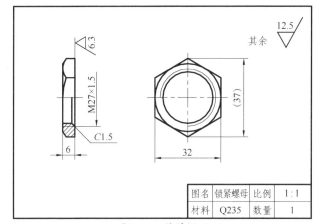

图 8-23 锁紧螺母

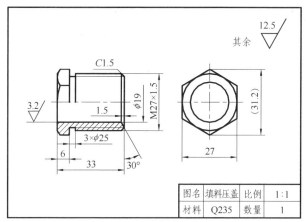

图 8-24 填料压盖

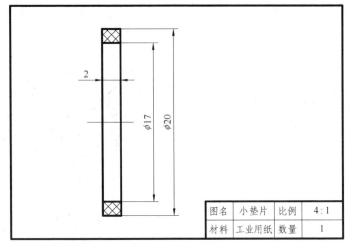

图 8-25 小垫片

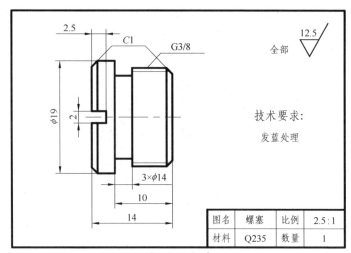

图 8-26 螺塞

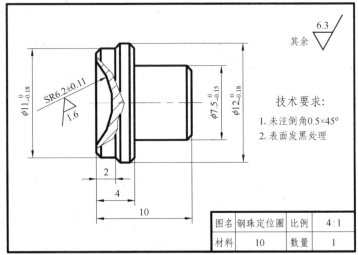

图 8-27 钢珠定位圈

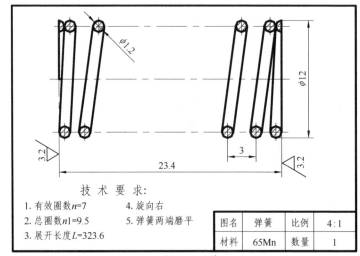

图 8-28 弹簧

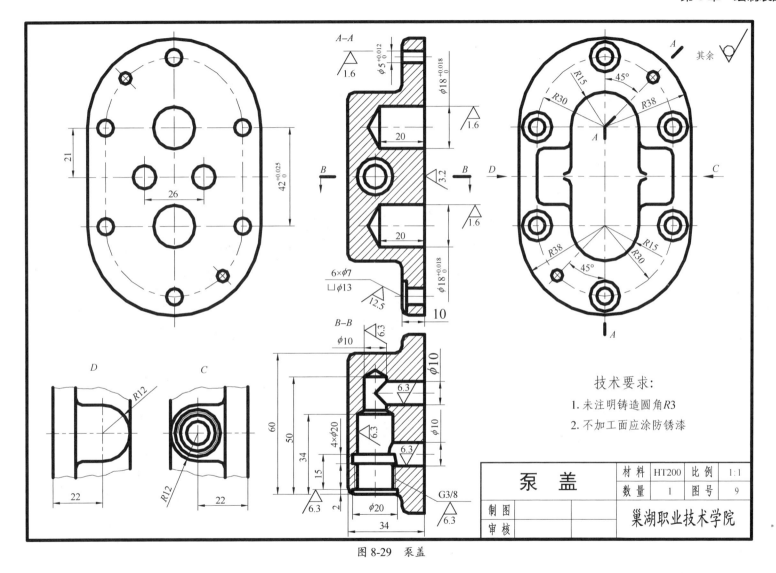

图 8-29 泵盖

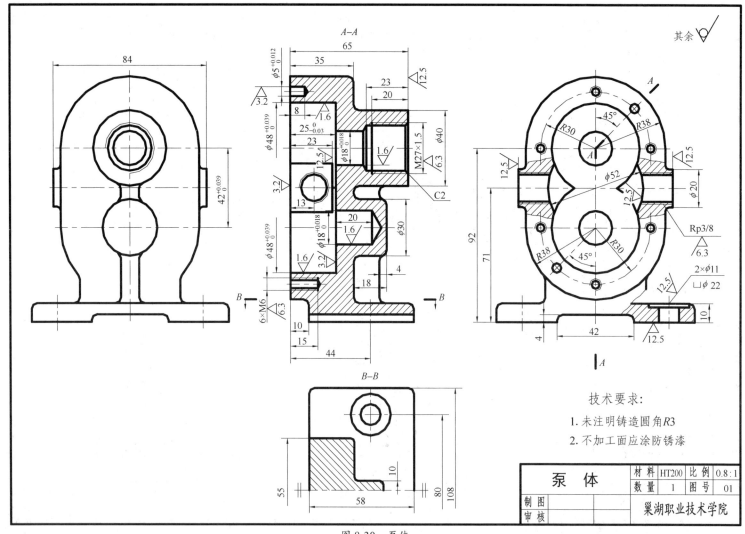

图 8-30 泵体

参考文献

[1] 范波涛，李华. 设计图学[M]. 北京：电子工业出版社，2013.

[2] 周明贵，张春侠. 机械制图与识图实例教程[M]. 北京：化学工业出版社，2009.

[3] 孙开元，张晴峰. 机械制图及标准图库[M]. 北京：化学工业出版社，2008.

[4] 单国全，孔祥臻，蒋守勇. AutoCAD2018中文版机械设计完全自学一本通[M]. 北京：电子工业出版社，2018.

[5] 缪朝东，胥徐. 机械制图与CAD技术基础[M]. 北京：电子工业出版社，2014.

[6] 樊宁，何培英. 机械图识读从入门到精通[M]. 北京：化学工业出版社，2018.

[7] 宋金虎. 机械制图与识图[M]. 北京：清华大学出版社，2015.

[8] 郑爱云. 机械制图[M]. 北京：机械工业出版社，2017.

[9] 孙开元. 机械工程制图手册[M]. 北京：化学工业出版社，2012.

反侵权盗版声明

电子工业出版社依法对本作品享有专有出版权。任何未经权利人书面许可，复制、销售或通过信息网络传播本作品的行为；歪曲、篡改、剽窃本作品的行为，均违反《中华人民共和国著作权法》，其行为人应承担相应的民事责任和行政责任，构成犯罪的，将被依法追究刑事责任。

为了维护市场秩序，保护权利人的合法权益，我社将依法查处和打击侵权盗版的单位和个人。欢迎社会各界人士积极举报侵权盗版行为，本社将奖励举报有功人员，并保证举报人的信息不被泄露。

举报电话：（010）88254396；（010）88258888
传　　真：（010）88254397
E-mail: dbqq@phei.com.cn
通信地址：北京市万寿路173信箱
　　　　　电子工业出版社总编办公室
邮　　编：100036